建筑工程专业
数智化系列教材

装饰材料与工艺

虞甜甜　　主编

张伟孝　　吴庆令　　段宁　　副主编

ZHUANGSHI CAILIAO
YU GONGYI

化学工业出版社
·北京·

内容简介

本书共分六个项目，分别为室内装饰工程施工概述、室内装饰工程材料与施工工艺、水电工程装饰材料与施工工艺、木作工程装饰材料与施工工艺、瓦工工程装饰材料与施工工艺、涂裱工程材料与施工工艺。

本书具有全面性、系统性与实用性，为读者构建起从基础知识至实践应用的完整知识架构。本书适宜作为高等职业院校建筑装饰工程技术专业、室内艺术设计专业、环境设计专业的教材，也可供从事室内设计、工程管理和装饰工程施工的人员参考。

图书在版编目（CIP）数据

装饰材料与工艺 / 虞甜甜主编；张伟孝，吴庆令，段宁副主编. -- 北京 : 化学工业出版社，2025. 9.
（建筑工程专业数智化系列教材）. -- ISBN 978-7-122
-48347-8

Ⅰ. TU56；TU767

中国国家版本馆CIP数据核字第 20255G30H1 号

责任编辑：徐　娟　　　　文字编辑：冯国庆　　　　装帧设计：中海盛嘉
责任校对：李　爽　　　　　　　　　　　　　　　　封面设计：王晓宇

出版发行：化学工业出版社（北京市东城区青年湖南街13号　邮政编码100011）
印　　装：河北尚唐印刷包装有限公司
787mm×1092mm　1/16　印张11　字数254千字　　　2025年9月北京第1版第1次印刷

购书咨询：010-64518888　　　　　　　　　　　售后服务：010-64518899
网　　址：http://www.cip.com.cn
凡购买本书，如有缺损质量问题，本社销售中心负责调换。

定　　价：58.00元　　　　　　　　　　　　　　　版权所有　违者必究

丛书序

百年大计，教育为本；教育大计，教材为基。教材作为教学活动的核心载体，是关系到"培养什么人""怎样培养人""为谁培养人"的铸魂工程。在建筑产业快速迭代升级的当下，一套紧跟行业趋势的优质教材尤为重要。2021年至今，建筑工程专业新形态丛书已出版8册，社会反响良好，基于行业的变化，我们又组织编写了建筑工程专业数智化系列教材。

本丛书以立德树人为根本，聚焦培养建设工程一线高素质技术技能人才。内容对接国家职业标准，反映建筑产业发展变化，以工作过程为导向、企业真实项目为载体，融合理论与实践，注重岗位能力和职业素养双重培养，确保学生所学适应行业需求。

本丛书包括7本，分别为建筑构造、智能建造基础与应用、建筑装饰表现技法、智能建造测绘技术、建筑设备与识图、装饰材料与工艺、安装工程计量与计价（第二版）。

智能化与数字化是本丛书的突出特色。丛书中的《智能建造基础与应用》等书深入介绍智能建造技术，涵盖BIM、物联网、大数据等应用；依托在线课程及虚拟仿真资源，同步开发了教学案例、视频、虚拟仿真系统等数字化资源。本丛书还将"互联网+"思维融入纸质与数字资源，读者扫描二维码即可获取多元内容，实现随时随地学习，确保知识动态更新。

本丛书堪称建筑工程领域的"金教材"。它以习近平新时代中国特色社会主义思想为指导，将思政元素融入专业教学，实现知识传授与价值塑造统一；由企业技术人员与学校教师共同开发，确保内容实用且先进；并获化学工业出版社编辑指导，部分采用四色印刷，出版环节精益求精。

作为丛书主编，本人全程参与编撰校稿工作，多次召集编者推进相关事宜，以确保每本书的编写质量。在此，特向化学工业出版社给予团队的大力支持与帮助表示衷心感谢。此外，卢声亮博士作为本丛书的主审，对每本书的目录及内容进行了审核，谨致谢忱。

相信这套集权威性、实用性、先进性于一体的教材，能够为建筑工程人才培养和教育事业发展贡献力量，助力读者在行业中绽放光彩。

温州职业技术学院　吴庆令

2025年8月

前　言

在建筑装饰设计领域，日新月异的发展态势使得装饰材料的选择与施工工艺的掌握成为每一位从业者至关重要的核心竞争力。为了满足行业对专业人才的需求，助力初学者更好地踏入这一领域，我们汇聚了多方协同的编写团队，精心打造这本以项目式流程为核心、融入真实校企合作案例的《装饰材料与工艺》。

随着建筑装饰行业的蓬勃发展，对专业人才的要求也日益提高。为了适应这一趋势，本书以职业定位与特色为出发点，立足于基础入门，构建了一个循序渐进的知识体系。从装饰材料的基本分类与性能特点，到施工工艺的深入解析与质量控制，每一章节的内容都经过精心设计，旨在帮助学生稳扎稳打地掌握所需技能，并针对课程相关的岗位需求和职业技能融入课程之中。

本书以项目式流程为主线，将装饰材料的选择与施工工艺的学习紧密结合，精心策划具有代表性的真实校企合作案例，让学生在模拟或真实的项目环境中进行实践探索。通过参与这些实际案例，学生能够更加直观地理解装饰材料与工艺的应用场景，培养他们解决实际问题的能力。这种教学方式不仅能够提高学生的学习兴趣和积极性，还能够使他们更好地适应未来的工作岗位。

在编写过程中，我们积极与多家知名装饰企业开展深度合作，将这些企业在实际项目中积累的宝贵经验和新技术嵌入书中。这些真实的校企合作案例涵盖了各类建筑装饰项目，从住宅装修到商业空间设计，从简单的装饰材料应用到复杂的施工工艺操作，为学生提供了丰富而全面的学习资源。通过学习这些案例，学生能够深入了解装饰材料与工艺在实际项目中的应用情况，掌握行业动态，为将来的实习和工作做好充分准备。

全书分为六个项目，以家装项目流程为主线，全面涵盖了装饰材料与工艺的各个方面。项目1为室内装饰工程施工概述，介绍了装饰材料的基本概念、分类方法以及在室内装饰中的重要作用。项目2为室内装饰工程材料与施工工艺，详细阐述了建筑结构装饰中所使用的各类材料及其施工工艺，包括结构材料的选择、连接方式以及装饰构造等。项目3为水电工程装饰材料与施工工艺，讲解了水电安装过程中所需的材料、施工流程以及安全注意事项。项目4为木作工程装饰材料与施工工艺，介绍了木材的种类、特性以及木作工程的施工工艺，如吊顶制作、木质基层制作、木作安装等。项目5为瓦工工程装饰材料与施工工艺，涵盖了瓷砖、石材等瓦工材料的选择与应用，以及墙面、地面铺贴等施工工艺。项目6为涂裱工程材料与施工工艺，讲述了涂料、壁纸等涂裱材料的性能特点和施工方法。

本书具有全面性、系统性与实用性的特点，为读者构建起从基础知识至实践应用的完整知识架构，无论是对于初学者还是有一定经验的从业者，均为不可多得的参考书籍与学习工具。本书适宜作为高等职业院校建筑装饰工程技术专业、室内艺术设计专业、环境设计专业的教材，也适合从事室内设计师、工程管理的技术人员和管理人员参考。

本书的编写团队涵盖了来自多所院校的教育精英以及众多行业专家。本书由温州职业技术学院虞甜甜担任主编，浙江广厦职业技术大学张伟孝、温州职业技术学院吴庆令、温州城市大学段宁担任副主编，台州职业技术学院薛玲雅、浙江安防职业技术学院徐灏璞、浙江工贸职业技术学院陈瑶、温州商学院陈佳璇、爱满屋（浙江）供应链温州总部张钦、温州靓尚铭城装饰有限公司陈建曙、浙江瓯匠建设有限公司董大威等参与了编写，虞甜甜负责确定大纲与统稿工作。

在编写过程中，我们力求做到内容准确、案例丰富、图文并茂。然而，囿于编者的知识和水平，不足和疏漏之处在所难免，敬请读者不吝批评指正。希望本书能够为建筑装饰行业的人才培养贡献一份力量，帮助更多的学生和从业者掌握装饰材料与施工工艺的核心知识和技能，在未来的职业生涯中取得更好的发展。

最后，再次感谢所有参与本书编写的人员，以及为本书提供支持和帮助的各界人士。希望本书能够成为广大读者学习和实践的良师益友，为建筑装饰行业的繁荣发展添砖加瓦。

编　者

2025 年 5 月

目录

项目1 室内装饰工程施工概述 ·· 1

    任务1.1 室内装饰材料发展趋势 ·· 2

    任务1.2 室内装饰施工基础程序 ·· 2

项目2 室内装饰工程材料与施工工艺 ·· 4

    任务2.1 结构设计 ·· 5

    任务2.2 施工材料 ··· 12

    任务2.3 施工工艺 ··· 20

项目3 水电工程装饰材料与施工工艺 ·· 43

    任务3.1 室内水路材料与工艺 ·· 44

    任务3.2 室内电路材料与工艺 ·· 50

项目4 木作工程装饰材料与施工工艺 ·· 64

    任务4.1 室内木作设计 ·· 65

    任务4.2 施工材料 ··· 72

    任务4.3 施工工艺 ··· 81

项目5 瓦工工程装饰材料与施工工艺 ··· 103

    任务5.1 室内瓦工工程基本知识 ·· 104

    任务5.2 施工材料 ·· 115

    任务5.3 施工工艺 ·· 123

项目6 涂裱工程材料与施工工艺 ··· 144

    任务6.1 装饰涂料的基本知识 ··· 145

    任务6.2 墙纸、墙布和壁纸 ·· 151

    任务6.3 涂料施工工艺 ·· 157

参考文献 ··· 170

室内装饰
工程施工概述

情景引入

　　循循善诱，登堂入室——装修，在现代是一个十分流行的词，只要有房子，那就离不开装修，大到整栋办公楼的装修，小到家庭装修（简称家装）。中国最早的家装可以追溯到原始社会，那个时候的人类是巢居和穴居，巢居就是住在树上，这个谈不上家装，但是穴居就有简单的家装了。穴居就是住在山洞里，那时候的人类会在山洞里挂上一些东西进行装饰，比如挂上花或者打猎用的工具等，这可以说是最早的室内装饰。后来人类有了房屋，并且房屋越建越精美，因此家装自然必不可少，从最初的用茅草装饰，逐渐要求室内进行装饰、配饰，最后室内再出现一些合适的日常用品，这才有了现在家的模样。随着社会的进步，人类进入文明社会，装饰装修已经成为生活中的重要组成部分，室内装修或者说家装主要是为了实用。现在装修更是一件大事，但是现代人一般工作生活比较忙，对此知之甚少。通过本书的学习，同学们可以了解一些基本的室内装饰施工的知识。

学习目标

知识目标

1. 掌握施工材料与环境艺术设计、室内艺术设计、建筑装饰工程技术等专业的关系。
2. 对施工流程与施工工艺有一个基本了解。

能力目标

1. 掌握设计师与材料和工艺的关系。
2. 在室内设计中熟悉材料在装修中的作用，正确按施工流程操作，在施工中避免安全隐患。

思政目标

1. 做设计之前，要先做人！有责任、义务、良知！
2. 培养学生爱岗敬业、思维敏锐的职业精神。

任务1.1 室内装饰材料发展趋势

室内装饰材料与工艺是提升室内环境品质、实现空间美学和功能性的关键所在。它们不仅仅是关于色彩和纹理的选择，更是关于生活质量和健康居住环境的构建。优质材料和精湛工艺的结合，能够创造出舒适、安全且具有个性化的居住空间，有利于居住者的生理和心理健康，同时也有利于提升物业价值。

在一个装修项目的全过程中，设计虽然很重要，但施工过程中装饰材料的质量和环保性更是决定了家装的品质。尤其目前装修大多采用暗装的形式，装修材料一旦出现问题，维修是非常麻烦的一件事。因此，无论是业主还是室内装修行业的专业人士，都有必要了解装饰材料的性质、应用及选购。

当今室内装饰材料正朝着环保、可持续和智能化的方向发展。随着消费者对健康和环保意识的提高，绿色、无毒和可再生材料日益受到青睐。随着科技的进步，如智能调光玻璃、智能照明系统等高科技装饰材料和智能家居设备也成为市场的新宠。定制化和个性化服务的兴起，使得消费者能够根据自身喜好和空间需求，选择独一无二的装饰材料，满足对生活品质的个性化追求。

任务1.2 室内装饰施工基础程序

室内装饰工艺涵盖了从空间规划、水电安装到后期维护的全过程。基础工艺包括正确的测量和布局，确保结构的稳定性；精确的水电布线和管道铺设，保证功能的实用性；细致的木工工艺，确保家具和装饰的美观与耐用。装饰工艺还强调细节处理，如接缝的精细处理、边角的打磨抛光以及色彩和材质的协调搭配。现代装饰工艺也注重空间的灵活性和可变通性，如模块化家具和可移动隔断的设计，以适应居住者不断变化的生活需求。下面以项目工种为例进行详细介绍。

1.2.1 隐蔽工程施工

室内装饰装修工程中强弱电和给排水管线铺设都属于隐蔽工程，为保证室内空间符合安全、美观的原则，室内装饰装修的水电管线都预埋在墙上或地面。

（1）为确保安全，穿在管内的导线或电缆在任何情况下都不能接头，必须接头时可把接头放在接线盒、灯头盒或开关盒内。各个面板暗埋接线管都应横平竖直，确保完成隐蔽施工后墙面挂饰等能避开电线管。室内电器线与其他管道间应保持一定的距离，宜不小于100mm。隐蔽电线工程施工完成后，应校验、试通合格，业主方签名确认验收后才可以封隐。

（2）给排水隐蔽工程安装包括防水和给水管、排水管的预埋安装。室内装饰装修的给排水管都预埋在墙面和地面，卫生间排水排污管预埋在卫生间沉池。通过试压检查给水管道和附件安装的严密性是否符合设计及施工验收规范，给排水管的安装应符合设计的要求坡度，确保排水管道排水畅通。铺设好管道后应进行灌水试验，水满后观察水位是否下降，各接口和管道有无渗漏，经有关人员检验，办理隐蔽工程验收手续后，方可进入下一环节的施工。

1.2.2 泥水工程施工

泥水工程施工包括砌墙、地面找平、地面铺设和墙面贴砖，属于基础工程，只有先完成泥水部分的工程才可以实施后期木工装饰装修部分的工程。泥水工程施工的平整对后期的装饰装修工程非常重要。地面铺设时要定好各个空间地面的高度，一般情况下，除了阳台、厨房和卫生间地面完成面较低外，其他主要空间地面完成面高度应统一，包括地面铺设木地板或地毯等空间都应在地面找平层预留木地板或地毯高度，确保各空间即使铺设不同的材料，地面完成面也是平整的。

阳台、厨房和卫生间地面的铺砖要按设计坡度要求铺设，避免地面有积水。地面铺砖时应选定材料尺寸，确定排列方案，要注意最后一排非整块材料不够一半时要两头切裁铺设，并将其镶贴在较隐蔽的位置。为了加强面砖与基体的黏结，应先将墙面的松散混凝土清理干净，明显凸出部分应凿去。

1.2.3 木作工程施工

木作工程施工包括天花造型、墙面木工背景造型和地面铺实木地板、地台制作等。天花造型包括夹板造型天花、石膏板造型天花、纸面石膏板天花和铝扣板天花，纸面石膏板天花和铝扣板天花多由厂家定制。墙面木工背景造型包括石膏板夹板隔墙，以及各种玻璃、不锈钢、铝塑板材料组合造型等。

木工制作首先要测量弹线，按图纸尺寸先在墙上画出水平标高线和分格线，然后是龙骨和基层板的安装，最后是面层材料的安装，面层材料包括板材、玻璃和软包材料等。木工制作部分一定要注意防水、防火的要求，注意安装的平整度和接缝收口的美观性。

1.2.4 涂裱工程施工

涂裱工程施工包括墙面乳胶漆、木门木器油漆和墙纸裱糊工程。涂裱工程施工最重要的是基层的处理，抹灰面的灰渣及疙瘩等要铲除，表面要用砂纸打磨平整。必须等上一道工序干透了才可以进行下一道工序的施工。涂裱工程要确保刷涂均匀、黏结牢固，不得漏涂、透底、起皮和掉粉。

室内装饰
工程材料与施工工艺

情景引入

　　九层之台，起于累土——《道德经》有言："合抱之木，生于毫末；九层之台，起于累土；千里之行，始于足下。"国家主席习近平在2018年新年贺词中也引用了这句话："'九层之台，起于累土'。要把这个蓝图变为现实，必须不驰于空想、不骛于虚声，一步一个脚印，踏踏实实干好工作。"九层之台是什么台？是一层又一层积累的高台；起于累土，"累"是集聚的意思，就是那么高的高台也要由一点一点的土集聚起来。意思就是：人要做成大事，就必须从基础做起；要长成一棵大树，要从一棵小树苗做起；要堆成一个高台，要从一点一点的土开始；要走出一千里路，要从一步一步迈出做起。结构工程无疑是室内装饰施工的基础，只有在结构稳定牢固的前提下，才能更好地进行装饰材料的施工。因此，对于室内装饰施工而言，累好结构工程这关键的第一步土，便可筑起装饰材料这九层之台。

学习目标

知识目标

1. 掌握结构设计与室内装饰施工的关系。
2. 掌握结构设计相关材料与施工工艺。

能力目标

1. 掌握结构设计的图纸绘制。
2. 了解结构设计在室内装饰施工中的安全隐患。

思政目标

1. 职业素养是设计师应该具备的知识技能，也是保护自己的有力武器。
2. 培养学生爱岗敬业、思维敏锐的职业精神。

设计的沟通

任务2.1　结构设计

结构设计特指建筑结构设计和户型结构设计两方面。建筑结构是指在房屋建筑中，由梁、板、柱、墙、基础等建筑构件形成的具有一定空间功能，并能安全承受建筑物各种正常荷载作用的骨架结构，是能够承受各种作用的体系。其中"作用"是指能够引起体系产生内力和形变的各种因素，如荷载、地震、温度变化以及基础沉降等因素。户型结构是指居住空间的结构和形状，其取决于社会的发展、人们生活水平的提高及居住者的需求和经济条件的不同。有些户型结构由开发商设计，如连栋的小区，有些则是根据住户的条件和要求进行设计，如自建的别墅。户型设计对于人们日常生活中的功能分区规划较为详细，如卧室、客餐厅、厨卫空间等都有明确的隔墙来进行区分。

建筑的构成结构，在一定程度上影响了户型的结构和户型的可拆改结构。举例说明，一栋砖混结构的建筑，对户型结构的要求是不可以有任何形式的墙体拆改与重建；而一栋钢筋混凝土的框架形建筑，理论上除了含有钢筋混凝土的框架不可拆除外，其余墙体均是可以拆改的。因此，在改造户型结构之前，需要先对建筑结构有一定的了解，再学习与掌握户型的结构设计理论，才能更好地应对户型改造设计与施工。

2.1.1　楼房建筑结构设计

楼房建筑结构有两种划分形式，一种是按照建筑结构划分，另一种是按照结构材料划分。前者如框架结构、剪力墙结构，后者如砌体结构、混凝土结构。但两种划分形式是相互融合的，建筑结构需要通过结构材料筑建出来，结构材料的不同也影响了建筑结构的形式。通过对楼房建筑结构的分析，可掌握墙体、梁、柱对户型设计的影响，从而知道如何拆除墙体，以及哪些墙体可以拆改。

2.1.1.1　框架结构

由梁、柱以钢筋混凝土连接而形成的承重结构称为框架结构。梁和柱组成框架共同抵抗使用过程中出现的水平荷载和竖向荷载。框架结构的房屋墙体不承重，仅起到围护和分隔作用，因此可以拆除与重建，一般用预制的加气混凝土、膨胀珍珠岩、空心砖或多孔砖、浮石、蛭石、陶粒等轻质板材砌筑或装配而成，如图2-1所示。在现实生活中，判断一栋楼房是否为框架结构的方法有两种。一种是通过观察楼房建筑过程中的结构材料得知，如图2-2所示。图2-2中梁、柱明显采用了混凝土，其余的墙体部分则是红砖。另一种是通过观察毛坯房内的墙面结构得知，如图2-3所示。从图2-3可以看出，梁、柱宽大厚重，与墙面不平，有明显的棱角凸出，这种情况便是框架楼的明显特征。毛坯房内除

图2-1　框架结构房屋
A—钢筋混凝土梁；B—钢筋混凝土柱；C—红砖墙体（可拆除）

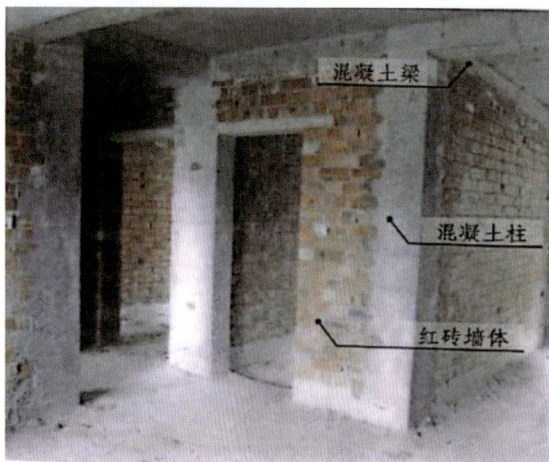

图2-2　框架结构毛坯房

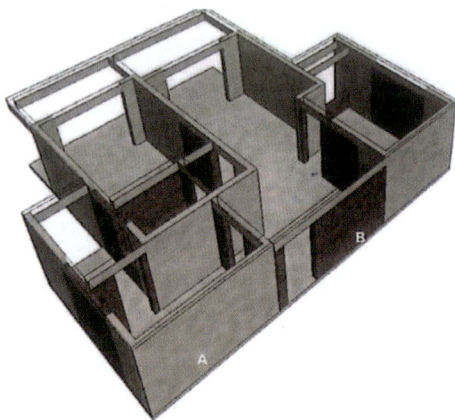

图2-3　剪力墙结构楼房示意
A—钢筋混凝土剪力墙；B—红砖墙体（可拆除）

了宽大的梁和厚重的柱之外，其余的墙体均是可以拆除并重新砌筑的。

2.1.1.2　剪力墙结构

由于剪力墙是承受全部竖向荷载及水平荷载的结构，因此被称为剪力墙结构。在楼房设计中采用剪力墙结构，主要目的在于抵御较大的水平荷载，并显著提升结构的刚度，从而有效减少水平位移。剪力墙结构巧妙地利用钢筋混凝土墙板替代了传统框架结构中的梁柱，这些墙板能够承担由各类荷载引发的内力，并且对控制结构的水平力具有显著效果。剪力墙毛坯房如图2-4所示。

图2-4　剪力墙毛坯房

判断一栋楼房是否为剪力墙结构，没有框架楼房那样简单，单从外观很难辨别出来，需要借用建筑图纸，如图2-5所示。建筑图纸中，纯黑色的墙体代表剪力墙，不可拆除；填充斜线的墙体代表红砖墙体，可以拆除；填充圆圈的墙体代表混凝土墙体，拆除需要通过物业同意；虚线代表横梁，不可拆除。

从毛坯房中判断一栋楼房是否为剪力墙结构，主要观察毛坯房内应有横纵交叉的横梁凸出，且横梁起始于墙体的一端，终止于另一端的墙体或交叉横梁上。

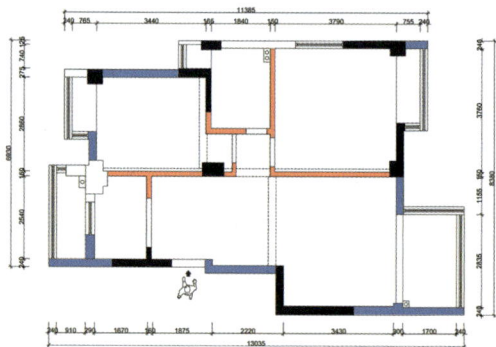

图2-5　楼层建筑图纸

2.1.1.3　框架-剪力墙结构

由框架和剪力墙共同承受竖向及水平荷载的结构称为框架-剪力墙结构。在框架-剪力墙结构中剪力墙主要抵抗水平力。对于横向剪力墙，通常应均匀对称设置在建筑物端部附近，楼梯、电梯间和建筑平面形状变化及荷载较大的地方；对于纵向剪力墙，通常设置在结构单元的中间区段内，如图2-6所示。

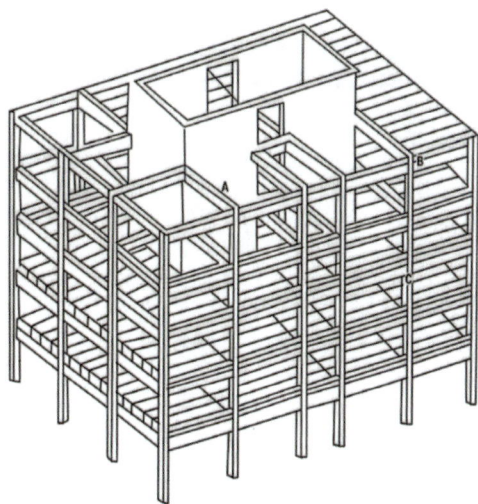

图2-6　框架-剪力墙结构示意
A—剪力墙；B—框架；C—楼板

判断一栋楼房是否为框架-剪力墙结构，可在楼房砌筑过程中，观察楼房外立面得知，如图2-7所示。若建筑物采用钢框架和钢筋混凝土剪力墙混合结构，则立面宽大的即为混凝土剪力墙，四四方方的立柱即为框架结构。

2.1.1.4　砌体结构

由块材作为砌筑材料而建造的结构称为砌体结构。常见的砌体结构如下。

（1）砖混结构。用砖和砂浆砌筑而成的结构，称为砖砌体结构或砖混结构，如图2-8所示。其中，砖分为实心砖和空心砖两种，空心砖又分为承重多孔砖和非承重多孔砖。

图2-7　框架-剪力墙结构楼房

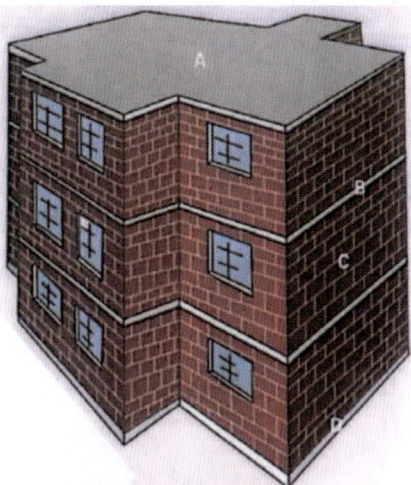

图2-8　砖混结构楼房
A—混凝土屋面；B—混凝土楼板；
C—砖混结构；D—混凝土基础

（2）砌块砌体结构。用砌块和砂浆砌筑而成的结构，称为砌块砌体结构，如图2-9所示。其中，砌块分为混凝土砌块、硅酸盐砌块、工业废料砌块、石膏砌块、加气混凝土砌块等。

砌体结构不适合高层建筑，因其强度较低，结构截面大、自重大，抗拉、抗折强度低，抗震性能差。砌体结构的毛坯房内没有横梁，没有混凝土柱，因此很好判断。客厅的顶面非常平整，没有凸出的横梁，同时其他空间同样没有横梁，因此可以判断毛坯房为砌体结构。

2.1.1.5 混凝土结构

由混凝土和钢筋两种材料为建筑主体结构的形式称为混凝土结构。混凝土楼房的整体性好，可浇筑成一个整体，也可以做成各种形状和尺寸的结构，如图2-10所示。同时，混凝土结构的耐火性和耐久性也较好，抗震性能高。钢筋混凝土结构是目前应用量最大、应用面最广的一种结构，包括框架结构、剪力墙结构、框架-剪力墙结构，均是以钢筋混凝土为主要结构材料。

2.1.2 经典户型结构设计

户型是指住房的结构和形状，有小户型、公寓房、两居室、三居室、复式、跃层、别墅等类型。其中，小户型、公寓房属于同一类型，面积较小、空间较少；两居室、三居室属于同一类型，通常为单元式住宅，也是住户群体占比最大的一类户型；复式、跃层属于同一类型，相同点为都是上下两层，不同点为复式的层高较低，中间通常没有楼板，需要后建楼板，而跃层为上下两层结构完全一样的户型，无论是层高还是空间都很丰富；别墅属于一种类型，有独栋、双拼、联排、叠拼等建筑形式，通常为四层式建筑，地下分布一层，地上分布三层。

2.1.2.1 小户型结构设计

小户型是指建筑面积在60m²左右或以下的户型，这类户型通常只有一个客厅、一个卧室、一个卫生间、一个厨房、一个阳台，餐厅通常和过道或客厅结合在一起。如图2-11所

图2-9 砌块砌体结构毛坯房

图2-10 混凝土结构楼房

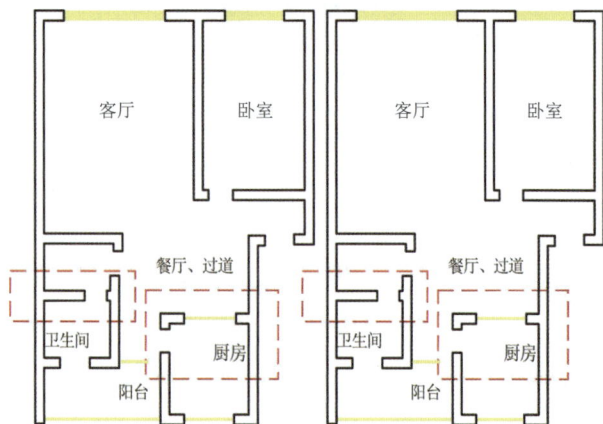

图2-11 小户型结构改造要点

示。此户型结构上存在问题的区域集中在卫生间以及厨房。首先，卫生间因为设计干湿分离采用了240mm厚度的墙体，过厚的墙体占用了使用面积；而厨房门设计在侧边，与餐厅连通的位置设计了一扇窗户，阻碍了厨房和餐厅的通畅。因此，解决方案是将卫生间的墙体厚度降低到120mm，厨房门的位置封住，将窗户改成双扇的推拉门，如图2-12和图2-13所示。

图2-12　120mm厚度的干湿分离墙

图2-13　餐厅与厨房之间通透的玻璃移门

由此可以总结出，在小户型的结构设计中，首先要控制户型内墙体的厚度，将240mm厚度的墙体改建为120mm厚度的墙体（剪力墙、承重墙的厚度不可改建），这类墙体包括卫生间的干湿分离墙、厨房与餐厅相连的墙体、卧室与客厅相连的墙体等。其次，调整小户型内的动线，减少不必要的绕弯或转角。如厨房与餐厅相连，将门直接设计在厨房与餐厅的中间，并采用通透的玻璃移门；客厅与过道相连时，将之间的墙体拆除，使过道融入客厅中。即将面积较小的空间融入面积较大的空间中，并将功能合并在一处空间中。

小户型的结构设计，受限于有限的户型面积，应减少独立的空间。在隔断墙的设计中，可选择带有通透效果的玻璃幕墙、玻璃砖墙以及半高的木质隔断柜等。

2.1.2.2　公寓房结构设计

公寓房的户型面积比较小，售价较住宅房便宜，具有较高的性价比。但公寓房的产权年限通常为40年，而住宅房的产权年限通常为70年。在户型的格局上，公寓房为长方形的格局，卧室和客厅没有明显的划分，厨房为敞开式，与卫生间共同设计在入户门的两侧。由于公寓房户型格局比较固定，因此在设计上有两种经典的设计形式，可将空间合理地利用起来，如图2-14和图2-15所示。

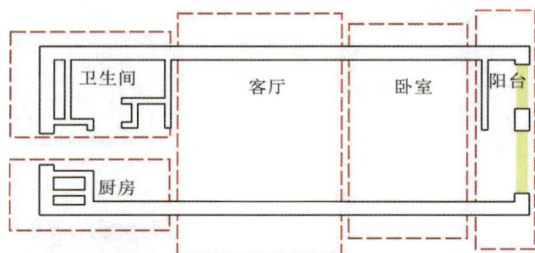

图2-14　公寓房经典设计方案一

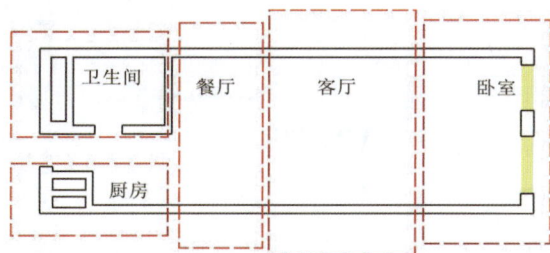

图2-15　公寓房经典设计方案二

在图2-14中，户型内划分出五个空间，分别是厨房、卫生间、客厅、卧室以及阳台。亮点体现在卫生间墙体的嵌入式设计，可容纳一个冰箱、一个鞋柜，在冰箱的上面还可以设计吊柜，增加储物空间。这种嵌入式设计是公寓房设计储物，且不侵占过多面积的解决方案。

在图2-15中，户型同样划分出五个空间，不同的是空间内没有阳台，而多了一个餐厅。卧室设计在最内侧的窗边，客厅设计在中间，餐厅设计在厨房的旁边。这种空间分布使得公寓房拥有良好的空间动线，并提升了厨房以及餐厅的重要性。需要注意的是，在长方形的公寓房内，卧室和客厅、客厅和餐厅之间不适合设计阻碍光线的隔断墙，否则会导致空间采光不足、拥挤狭小。

由此可以总结出，公寓房设计的首要重点是保持空间的通透性。这包括确保良好的采光、通风以及设计舒适的动线，如图2-16所示。在图2-17中，木质隔断巧妙地分隔了两个空间，既保护了隐私，又不显得拥挤。次要重点是最大化地增加储物空间。如图2-18所示，设计中整面墙的储物柜不仅提供了摆放装饰品的空间，还能储存杂物，这样既起到了装饰空间的作用，又解决了公寓房储物不足的难题。

图2-16 采光良好的公寓房

图2-17 公寓房的隔断墙设计

图2-18 公寓房的储物设计

2.1.2.3 两居室、三居室结构设计

两居室和三居室属于单元式住宅，是在多层、高层楼房中常见的一种住宅建筑形式。两居室的户型一般拥有两个卧室、一个客厅、一个餐厅、一个阳台、一个卫生间和一个厨房。三居室的户型一般拥有三个卧室、一个客厅、一个餐厅、一个阳台、两个卫生间和一个厨房。其中，一个卫生间设计在主卧室内，称为主卫。三个卧室中，有一个卧室可设计为书房或客房（图2-19）。

两居室和三居室的结构设计与改造的原则一致，即空间划分明确，注重各个空间的独立性与隐私性。公寓房的设计重点是最大化增加储物空间，如图2-20所示。

图2-19 三居室的结构设计

1—电梯厅；2—客厅；3—餐厅；4—厨房；5—主卧室；
6—次卧室；7—客卧室；8—卫生间

图2-20 两居室的储物设计

由此可以总结出，当空间为三居室时，厨房和客厅需要设计在北面，而朝南的两个空间应设计为卧室，如图2-21所示；当卧室需要新建墙体时，应选择厚度超过120mm的墙体，或在隔断墙内增加隔声棉，或在墙体表面设计软包增加隔声效果；当厨房和卫生间毗邻时，厨房可设计通透的玻璃推拉门，而卫生间需要设计不透光的木质套装门；当客餐厅设计在一起时，不要在中间增加隔断墙或阻碍动线以及光线的屏风，如图2-22所示。

图2-21　朝南向的客厅

图2-22　保留客厅与餐厅的空隙

2.1.2.4　复式、跃层结构设计

复式住宅和跃层式住宅均为上下两层的住宅房。跃层住宅是一套住宅占两个楼层，内部有楼梯连接上下层。一般在首层安排起居、厨房、餐厅、卫生间，最好有一间卧室，二层安排卧室、书房、卫生间等。

复式住宅是受跃层式住宅的设计构思启发而设计的一种经济型住宅。复式住宅在概念上是一层，并不具备完整的两层空间，单层层高较普通住宅（通常层高2.8m）高，可在局部增建出一个夹层，安排卧室或书房等，用楼梯连接上下，其目的是在有限的空间里增加使用面积，提高住宅的空间利用率。因此，在结构设计上，复式住宅比跃层式住宅拥有更多的可能性。如图2-23所示，复式住宅在中间增加夹层后，分为上下两层，下层设计了客厅、餐厅、厨房、卫生间和楼梯，上层设计了两个卧室，以及一个卫生间和楼梯。

在复式住宅或跃层式住宅的设计中，楼梯设计的位置和形状是关键。圆形的楼梯不占用空间面积，适合面积较小的复式户型，位置设计在靠近客厅和过道；双折或三折楼梯可缓解楼梯坡度，但占用空间面积较大，适合设计在跃层户型中，其位置需要一块独立的空间，如图2-24所示；直线型楼梯适合设计在层高较低的复式户型中，并靠墙设计在客厅的电视墙上面。

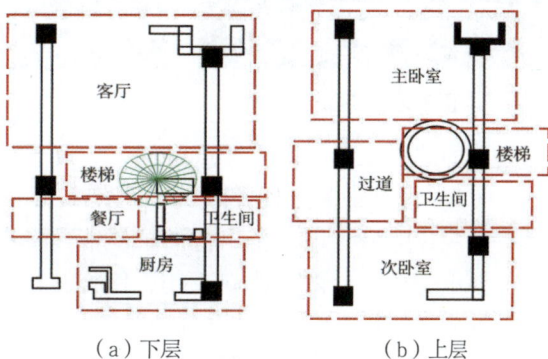

（a）下层　　　　（b）上层

图2-23　复式户型上下层设计方案

图2-24　跃层户型中的三折楼梯

任务2.2 施工材料

2.2.1 钢筋混凝土

钢筋混凝土作为一种常见的建筑工程材料，被广泛应用于各种结构中。其中，混凝土（图2-25）是由水泥（通常为硅酸盐水泥）、骨料、水以及外加剂和掺和料按一定比例配制，经拌和、浇筑、成型、养护等工艺，养护硬化而成的一种人工材料。混凝土具有原料丰富、价格低廉、生产工艺简单的特点，因而使其用量越来越大。同时，混凝土还具有抗压强度高、耐久性好、强度等级范围宽等特点。这些特点使其使用范围十分广泛，不仅在各种土木工程中使用，在造船业、机械工业、海洋开发、地热工程等中，混凝土也是重要的材料。水泥（图2-26）是以石灰质原料（石灰岩、白垩等）、黏土质原料（黏土、页岩等）为主要原料，有时加入少量校正原料（如铁矿石），经"两磨一烧"工艺后形成的熟料。在水泥中加入适量的水调和后，能逐渐发展成为坚硬的水泥石。由于它良好的胶凝作用，可以把很多不同的材料黏结在一起，形成一个整体。因此，水泥不仅大量应用于工业和民用建筑中，还广泛应用于公路、桥梁、铁路、水利和国防等工程，在国民经济中起着十分重要的作用。钢筋混凝土中另外一种重要的材料是钢筋（图2-27）。钢筋在钢筋混凝土中主要承受拉应力。变形钢筋由于肋的作用，和混凝土有较大的黏结能力，因而能更好地承受外力的作用。钢筋广泛用于各种建筑结构，特别是大型、重型、轻型薄壁和高层建筑结构。

图2-25 混凝土

图2-26 水泥

图2-27 钢筋

钢筋混凝土具有以下优点。

（1）钢筋混凝土能够较为合理地发挥钢筋和混凝土两种材料的特性。钢筋具有较高的抗拉强度，混凝土则具备出色的抗压能力。在钢筋混凝土结构中，钢筋主要承受拉力，混凝土主要承受压力，两者协同工作，使得结构的力学性能得到充分发挥，从而能够更有效地承受各种荷载作用。

（2）耐久性好。处于良好环境的钢筋混凝土结构，混凝土的强度是随时间不断增长的，且钢筋受混凝土保护而不易锈蚀，所以钢筋混凝土结构的耐久性是很好的，不像钢结构那样需要定期维修。

（3）整体性好。现浇的整体式钢筋混凝土结构整体性好，因而有利于抗震及防爆。

（4）可塑性好。钢筋混凝土可根据设计需要，浇制成各种形状和尺寸的结构，特别合适于建造外形复杂的大体积结构及空间薄壁结构，这个特点是砖石、钢、木等结构所没有的。

（5）耐火性好。由传热性差的混凝土作钢筋的保护层，在遭受火灾时比钢、木结构的耐火性强。

（6）就地取材。钢筋混凝土中所用的砂、石材料，一般可以就地就近取材，因而材料运输费用少，可以显著降低造价。

（7）节约钢材。钢筋混凝土结构合理地利用钢筋及混凝土各自的优良性能，在某些情况下，能代替钢结构，可节约大量钢材，降低造价。

钢筋混凝土具有以下缺点。

（1）自重比钢结构大，不利于建造大跨度结构。

（2）施工比钢结构复杂，建造期一般较长，不宜在冬季和雨天施工，必须采取相应的施工措施才能保证质量。

（3）一般情况下浇筑混凝土要用模板，现浇时还需要脚手架，因而需要一定数量的施工用木材或钢材和其他材料。

（4）补强维修工作比较困难。

2.2.2　钢结构

钢结构是由钢制材料组成的结构，是主要的建筑结构类型之一（图2-28）。钢结构是用钢板和各种型钢（如角钢、工字钢、槽钢、H型钢、钢管和薄壁型钢等）制成的承重构件或承重结构，在钢结构制造厂中加工制造，运到现场进行安装。承重结构主要由钢梁、钢柱、钢桁架等构件组成，并采用硅烷化、纯锰磷化、水洗烘干、镀锌等除锈防锈工艺。各构件或部件之间通常采用焊缝、

图2-28　钢结构建筑示意

螺栓或铆钉连接。由于钢材的强度比混凝土、砖石和木材等建筑材料要高得多，因此钢结构适用于荷载重、跨度大的结构。

钢结构的优点如下。

（1）钢材的强度高，钢结构的重量轻。钢材的密度虽比其他建筑材料大，但强度却高得多，属于轻质高强材料。在相同的跨度和荷载条件下，钢屋架的重量只有钢筋混凝土屋架重量的1/4～1/3，若采用薄壁型钢或屋架甚至接近1/10。钢结构重量轻，便于运输和安装，同时可以减轻基础的负荷，对抵抗地震作用比较有利。

（2）材质均匀，各向同性。钢材在冶炼和轧制的过程中质量可以严格控制，材质波动性小。因此，钢材的内部组织比较均匀，接近各向同性体，而且在一定的应力幅度内材料为弹性，所以钢结构的实际受力情况和工程力学计算结果比较符合，计算结果比较可靠。

（3）钢材的塑性和韧性好。钢材的塑性好，在一般情况下钢结构不会因偶然超载或局部超载而突然断裂破坏，只是出现变形，使应力重分布。钢材的韧性好，使钢材有一定的抗冲击脆断的能力，对动力荷载的适应性强，其良好的延性和耗能能力使钢结构具有优越的抗震性能。

（4）施工质量好，施工周期短。钢结构制造工厂化、施工装配化。钢结构所用的材料是用轧制成型的各种型材，由型材加工制成的构件在金属结构厂中制造，加工制作简便，成品的精确度高，质量容易监控和保证。制成的构件运到现场安装，构件又较轻，现

场占地小，连接简单，安装方便，施工周期短。钢结构采用螺栓连接，还便于加固、改扩建和拆迁。

（5）钢结构密闭性好。钢结构因其独特的材料和连接方式，在密闭性方面展现出显著的优势。而焊接作为一种高效的连接方式，能够在钢结构中形成坚固且连续的焊缝，从而确保结构的整体性和密闭性。

（6）用螺栓连接的钢结构可装拆，适用于移动性结构。

钢结构的缺点如下。

（1）钢材耐腐蚀性差。钢材在湿度大和有侵蚀性介质的环境中，容易锈蚀，截面不断削弱，使结构受损，特别是薄壁构件更要注意。因而对钢结构必须注意防护措施，如表面除锈、刷油漆和涂料等。而且需要定期维护，故维护费用较高。

（2）钢材耐热但不耐火。钢材受热时，若温度在200℃以内，其主要力学性能（如屈服点和弹性模量）降低不多。若温度超过200℃，材料性能会发生较大的变化，不仅强度逐步降低，还会发生蓝脆和徐变现象。温度达到600℃时，钢材进入塑性状态，失去承载力。因此规范规定，当钢材表面温度超过150℃时，应采用有效的防护措施，对需防火的结构，应按相关标准采取防火措施。

2.2.3 砖砌体

2.2.3.1 红砖

红砖（图2-29），又名黏土砖，是一种通过粉碎黏土、页岩或煤矸石等天然矿物材料，经混合、压制成型后，在约900℃的高温下以氧化焰烧制而成的烧结型建筑砖块。其独特的红色外观，源自砖坯中的铁元素在高温氧化过程中转化为三氧化二铁。红砖不仅色泽鲜艳，而且因其多孔结构而具备优异的保温隔热、隔声降噪性能。红砖的抗压强度高，耐火性能好，能够在明火中持续数小时而不易损坏，确保了建筑的安全性和耐久性。

红砖的生产工艺经历了从手工到机械化、自动化的演变。传统工艺中，原料需经过露天堆放风化、破碎、筛分、陈化等工序，再经人工或机械压制成型，

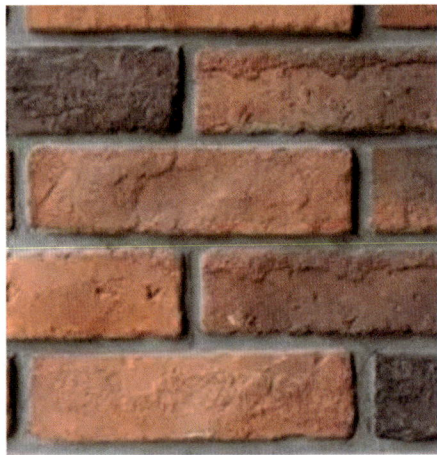

图2-29 红砖

最后在窑炉中高温烧制而成。现代工艺实现了高度的机械化和自动化，如采用链板式供料机、对辊机破碎、真空挤出机成型等技术，大大提高了生产效率和产品质量。现代工艺还注重环保节能，通过优化窑炉结构和燃料利用，减少了对环境的污染。

红砖因其优良的性能和丰富的表现力，被广泛应用于各类建筑领域。作为墙体材料，红砖以其独特的质感和色泽，为建筑增添了浓厚的历史感和文化底蕴。在古典主义、复古风等建筑设计中，红砖更是不可或缺的元素。红砖可用于砌筑柱子、拱门、烟囱等结构，为建筑提供稳定的支撑和美观的装饰。红砖还可用于铺设地面、加固地基等，其良好的抗压性和耐久性确保了地面的平整度及结构的稳定性。

尽管混凝土、钢结构等现代建筑材料的广泛应用一度让红砖被视为传统甚至过时的建材象征，但现代设计师们从未停止对红砖独特魅力的深入探索与积极挖掘。他们凭借创新的设计理念和精湛的工艺技术，成功地将红砖与现代建筑材料相融合，打造出既蕴含历史韵味又

不失现代感的建筑杰作（图2-30和图2-31）。

图2-30　红砖建筑一

图2-31　红砖建筑二

在设计中，设计师们对红砖的排列方式和砌筑手法进行了大胆创新。他们通过精心设计的砌筑图案和丰富的纹理变化，不仅赋予了红砖墙面独特的视觉效果，还营造出丰富的层次感和空间深度。这种创新性的砌筑方式，不仅提升了建筑的艺术价值，也展现了红砖作为传统建材在新时代下的无限可能。

此外，设计师们还将红砖与现代新材料如玻璃、金属等进行了巧妙结合。这种材质的混搭不仅形成了鲜明的视觉对比，还增强了建筑的整体现代感。红砖的质朴与金属的冷峻、玻璃的通透相互映衬，共同塑造出独特的建筑风貌。

值得一提的是，设计师们还充分利用了红砖的多孔结构和良好的透气性。通过合理的布局和设计，他们实现了室内外的自然通风和采光，为用户打造了一个绿色、生态的居住环境。这种设计不仅提高了建筑的舒适度，还体现了现代建筑对于环保和可持续发展的重视。

综上所述，现代设计师通过创新性的设计手法和精湛的工艺技术，成功地将红砖这一传统建筑材料与现代建筑材料相融合，创造出了一系列既具历史感又充满现代气息的建筑作品。这些作品不仅丰富了现代建筑的艺术语言，也为传统建筑材料在新时代下的应用提供了宝贵的启示和借鉴。

2.2.3.2　空心砖

空心砖（图2-32），又称多孔砖，其主要原料包括黏土、页岩、煤矸石等自然矿物材料。

（a）混凝土标砖
（240mm×115mm×53mm）

（b）混凝土多孔砖
（240mm×115mm×90mm）

（c）混凝土多孔砖
（190mm×190mm×90mm）

（d）混凝土85标砖
（190mm×90mm×40mm）

（e）混凝土多孔砖
（190mm×90mm×90mm）

（f）混凝土多孔砖
（190mm×190mm×90mm）

图2-32　空心砖

15

这些原料经过精心挑选和配比，旨在确保空心砖在具备良好物理性能的同时符合环保和可持续发展的要求。空心砖的制备工艺主要包括原料处理、成型、烧结等关键环节。原料处理是空心砖制备的第一步，包括破碎、筛分、混合等工序。通过对原料的精心处理，可以确保各组分分布均匀，为后续的成形和烧结过程提供良好的基础。成形是空心砖制备的关键环节，通常采用机械压制或模具成型等方法。在成形过程中，通过精确的模具设计和合理的压制工艺，可以制得具有特定孔洞结构和尺寸规格的空心砖。烧结是空心砖制备的最后一步，也是决定其性能和质量的关键因素。在烧结过程中，空心砖坯体在高温下发生物理化学反应，形成致密的微观结构，从而提高其强度和耐久性。烧结还能使空心砖具备良好的隔热和隔声性能。

空心砖的性能特点如下。

（1）质轻高强。空心砖由于其独特的孔洞结构，使得整体质量较轻，但同时又具有较高的抗压强度，这个特点使得空心砖在高层建筑和地震多发地区的建筑中具有明显优势。

（2）保温隔声。空心砖的孔洞结构能够有效隔绝热量和声音的传播，因此具备良好的保温和隔声性能，这个特点使得空心砖在住宅、办公室等需要安静舒适环境的建筑中广泛应用。

（3）环保节能。在空心砖的制造过程中采用了大量自然矿物材料和废弃物再利用技术，因此具有较高的环保性能。由于其质轻且保温性能良好，因此可以有效降低建筑能耗，实现节能减排的目标。

空心砖的多元化用途如下。

（1）墙体填充材料。空心砖作为墙体填充材料，不仅可以减轻建筑物的整体重量，还能有效隔绝噪声和热量传递，提高建筑物的居住舒适度。

（2）分隔墙构建。在商业店铺、办公区域等需要灵活分隔空间的场所，空心砖常被用作分隔墙的构建材料。其轻便、易施工的特点使得分隔墙的构建更加便捷和高效。

（3）装饰性应用。随着人们对建筑审美水平的提高，空心砖的装饰性应用也日益增多。通过不同的颜色、纹理和排列方式，空心砖可以创造出丰富多样的装饰效果，为建筑增添独特的艺术魅力。

（4）特殊结构砌筑。在某些特殊结构的砌筑中，如文化砖墙面、烟囱、通风井等，空心砖也发挥着重要作用，其独特的孔洞结构和良好的物理性能使得这些特殊结构的砌筑更加稳固和安全。

空心砖作为一种环保、高效的建筑材料，在现代建筑行业中具有广泛的应用前景。其独特的材料构成、制备工艺和性能特点使得空心砖在墙体填充、分隔墙构建、装饰性应用以及特殊结构砌筑等方面均表现出色。未来，随着建筑技术的不断进步和环保意识的日益增强，空心砖必将在建筑行业中发挥更加重要的作用。

2.2.3.3 轻体砖

轻体砖（图2-33），顾名思义，是一种重量较轻、体积较小的砖块，通常由轻质骨料（如珍珠岩、膨胀蛭石、陶粒等）与水泥等胶凝材料按一定比例混合，经成型、养护而成。

与传统红砖、实心黏土砖相比，轻体砖具有显著的轻质化特点，单块重量可减轻30%～50%，极大地降低了建筑物的自重，有助于减少基础工程的造价和施工难度（图2-34）。

轻体砖的特点与优势如下。

图2-33 轻体砖

图2-34 轻体砖砌墙

（1）轻质高强。轻体砖的最大亮点在于其轻质高强的特性。在保证足够强度的基础上大幅度减轻了材料自身的重量，这对于高层建筑、地震多发区及地基承载力有限的地区尤为适用。轻质的特点还有助于提高施工效率，降低运输成本和人工搬运难度。

（2）保温隔热。轻体砖内部含有大量微小的气孔结构，这些气孔不仅减轻了材料的重量，还增强了其保温隔热性能。在寒冷或炎热的气候条件下，轻体砖墙体能有效减缓室内外热量的传递，降低建筑能耗，提高居住舒适度。

（3）节能环保。轻体砖的生产原料多为工业废弃物或天然轻质材料，经过合理配比和工艺处理，实现了资源的循环利用。轻体砖墙体减少了建筑自重，降低了对基础及结构材料的消耗，从而间接减少了碳排放和环境污染，符合绿色建筑和可持续发展的理念。

（4）施工快速便捷。轻体砖规格统一、尺寸精确，便于机械化施工和标准化作业。其轻质特性也减轻了工人的劳动强度，提高了施工速度。轻体砖墙体表面平整度高，便于后续装饰装修工程的开展。

轻体砖的应用领域如下。

（1）在住宅建筑领域，轻体砖广泛应用于内外墙体、隔墙及填充墙等部位。其轻质高强的特点有效降低了建筑自重，提高了建筑的安全性和抗震性。良好的保温隔热性能也为居民提供了更加舒适的居住环境。

（2）轻体砖同样适用于各类公共建筑，如学校、医院、办公楼等。其施工便捷、装饰效果好的特点，满足了公共建筑对工期紧、质量要求高的需求。轻体砖的节能环保特性也有助于提升公共建筑的绿色形象。

（3）在工业厂房和仓库等大面积使用墙体的场所，轻体砖凭借其轻质高强、施工快速便捷的优势，成为理想的选择。其耐候性和耐久性也满足了工业建筑对长期使用的需求。

轻体砖作为一种轻质高效的建筑材料，以其独特的优势在建筑领域展现出强大的生命力和广阔的发展前景。未来，随着技术的不断进步和市场需求的日益增长，轻体砖必将在绿色建筑和可持续发展的道路上发挥更加重要的作用。

2.2.4 轻质水泥板

轻质水泥板，作为一种环保、防火、防水、耐腐蚀的建筑材料，其核心优势在于其轻质高强的特点。相比传统的水泥板，轻质水泥板通过科学的配方和先进的生产工艺，在保持较高强度的基础上实现了材料的轻量化。这主要得益于其内部独特的微观结构和添加的轻质骨料，如珍珠岩、陶粒等，这些材料不仅降低了水泥板的整体密度，还赋予了其优良的保温隔热和隔声性能。

轻质水泥板的生产工艺复杂而精细，通常包括原材料准备、混合搅拌、成型压制、养护固化等多个步骤。在原材料选择上，除了水泥、水等基本材料外，还会根据产品性能需求添加适量的轻质骨料、增强纤维等。混合搅拌过程需要严格控制材料的比例和搅拌时间，以确保混合物的均匀性和稳定性。成型压制是通过专业的机械设备将混合物压制成型，并经高温高压的养护固化过程，使水泥板达到理想的强度和耐久性。轻质水泥板的用途广泛，具体如下。

（1）住宅建筑。在住宅建筑领域，轻质水泥板凭借其轻质、高强度的特点，广泛应用于楼板、隔墙等结构材料中。这种材料不仅可以有效减轻建筑物的自重，提高抗震性能，还能减少基础造价和施工难度。其良好的保温隔热和隔声性能，也为住户提供了更加舒适的生活环境。轻质水泥板还可以作为吊顶材料，提升室内美观度和舒适度。

（2）商业建筑。商业建筑对空间的利用和美观度有着更高的要求。轻质水泥板因其轻质高强、易于加工的特性，能够轻松实现大跨度、高空间的设计要求。在商业建筑的屋顶、墙面和地面装饰中，轻质水泥板不仅具有优良的装饰效果，还能提供良好的隔热和隔声性能，为商业空间营造出更加舒适、安静的氛围。轻质水泥板还可用于商业建筑的隔断和隔断墙，实现空间的灵活划分和再利用。

（3）工业建筑。工业建筑对材料的耐久性和承载力有着更高的要求。轻质水泥板凭借其优良的耐久性和高强度，完全能够满足工业建筑的承载需求。其轻量化的特点也降低了建筑物的自重，减少了基础的造价和施工难度。在工业厂房的屋顶、墙面和地面装修中，轻质水泥板不仅具有良好的耐磨、防滑性能，还能有效隔绝外界噪声和温度的影响，为工业生产提供更加稳定、安全的环境。

（4）园林景观与道路铺设。除了在建筑领域的应用外，轻质水泥板还可用于园林景观和道路铺设等领域。在园林景观中，轻质水泥板可作为地面铺装材料，其美观耐用、易于维护的特点，使得园林景观更加整洁、美观。在道路铺设中，轻质水泥板因其轻质高强、抗压耐磨的特性，可用于人行道、停车场等场所的铺设，提高道路的承载能力和使用寿命。

总之，轻质水泥板作为一种高性能的建筑材料，在建筑行业中具有广泛的应用前景。其轻质高强、保温隔热、隔声等优良特性，不仅满足了建筑领域对材料性能的高要求，还推动了建筑行业的绿色、可持续发展。随着技术的不断进步和创新，相信未来会有更多性能优异、成本更低的轻质水泥板问世，为建筑行业的发展注入新的活力。

2.2.5 木龙骨

木龙骨（图2-35），也称木方，主要由松木、椴木、杉木等树木加工成截面为长方形或正方形的木条。这些木材具有天然环保、价格便宜、重量轻、易加工等特点，非常适合作为建筑和装修中的骨架材料。

2.2.5.1 木龙骨的优缺点

木龙骨的优点如下。

（1）天然环保：木龙骨作为天然木材，无毒无害，符合现代环保理念。

图2-35 木龙骨

（2）价格便宜：相比其他金属或合成材料，木龙骨的成本更低，适合大规模应用。

（3）重量轻：木龙骨重量轻，便于运输和安装，降低了施工难度和成本。

（4）易加工：木龙骨易于切割、钻孔和连接，便于根据需要进行定制加工。

（5）力学性能较好：木龙骨具有较好的韧性和稳定性，能够承受一定的重量和压力。

尽管木龙骨具有诸多优点，但也存在一些不足之处，如易燃、易发霉变腐朽、易变形、耐腐蚀性较差，且湿胀干缩现象明显。因此，在使用木龙骨时，需要进行适当的防火、防潮和防腐处理。

2.2.5.2 木龙骨的分类

根据材质和使用场所的不同，木龙骨可分为多种类型。

按材质不同分类如下。

（1）硬质木料骨架：如橡木、桦木等硬质木材制成的龙骨，具有较高的强度和耐久性。

（2）轻质木料骨架：如松木、杉木等轻质木材制成的龙骨，重量轻、易加工，适合用于吊顶、隔断等轻质结构。

按使用场所不同分类如下。

（1）吊顶龙骨：用于支撑和固定吊顶板材，保持吊顶的平整和稳定。

（2）竖墙龙骨：用于墙壁的支撑和加固，增加墙体的稳定性和承重能力。

（3）铺地龙骨：用于地板的结构框架，分散地板上的负荷并提供稳定的支撑。

（4）悬挂龙骨：用于悬挂重物或装饰物，如灯具、装饰板等。

2.2.5.3　木龙骨的应用

木龙骨因其优良的材料特性和广泛的应用领域，在建筑和室内装修中发挥着重要作用。木龙骨可用于建筑物的结构框架中，如屋顶、墙壁、地板、梁等。它能够承受和分散重量及压力，确保整个建筑物的稳定性和安全性。例如，在屋顶框架中，木龙骨作为主要组成部分，用于支撑和固定屋顶的覆盖物，如瓦片、金属板等。木龙骨在室内装饰中也具有广泛的应用，它可以用作吊顶的骨架，支撑和固定吊顶板材，使其保持平整和稳定。木龙骨可以用于隔断的支撑和固定，提供分隔空间的稳定性。木龙骨还常用于制作家具，如书桌、床架等，为室内空间增添自然和温馨的氛围。除了上述常见用途外，木龙骨还可以根据具体需求进行特殊应用。例如，在舞台搭建中，木龙骨可用于搭建舞台框架和背景板支撑结构；在展览展示中，木龙骨可用于制作展板、展架等展示用品；在园林景观中，木龙骨可用于制作木栈道、木平台等景观设施。

2.2.6　轻钢龙骨

轻钢龙骨（图2-36），顾名思义，是以冷轧连续热镀锌钢带或彩色镀锌钢带为原料，通过冷弯工艺加工而成的轻质钢结构材料。它主要由主龙骨、副龙骨、吊挂件等部件组成，具有重量轻、强度高、耐腐蚀、易加工等优点。轻钢龙骨的出现，打破了传统建筑材料的局限，为现代建筑带来了革命性的变革。

图2-36　轻钢龙骨

2.2.6.1　轻钢龙骨的优点

轻钢龙骨的优点如下。

（1）重量轻，强度高。相比传统的木龙骨或混凝土龙骨，轻钢龙骨具有显著的重量优势。其轻质特性不仅减轻了建筑物的整体重量，降低了地基承载要求，还便于运输和安装。冷弯成型工艺赋予了轻钢龙骨良好的力学性能，使其在保证强度的基础上仍能保持较高的韧性和稳定性。

（2）耐腐蚀，寿命长。轻钢龙骨表面采用热镀锌或彩色镀锌处理，有效隔绝了空气和水分对钢材的侵蚀，大大提高了其耐腐蚀性能。这种处理方式不仅延长了龙骨的使用寿命，还减少了后期维护成本，使建筑物更加经济耐用。

（3）环保节能，可回收利用。轻钢龙骨属于绿色建筑材料，其生产过程无污染，可回收利用率高。随着全球对环保节能的重视，轻钢龙骨在建筑行业的应用前景越来越广阔。它不仅能够满足建筑物的功能需求，还能够减少对自然资源的消耗，降低环境污染。

（4）施工便捷，效率高。轻钢龙骨结构体系具有标准化、模数化的特点，易于实现工厂化生产、现场组装。这种施工方式不仅简化了施工流程，缩短了工期，而且提高了施工精度和质量。轻钢龙骨还具有良好的可塑性和灵活性，能够适应各种复杂的建筑形态和设计要求。

2.2.6.2 轻钢龙骨的应用

轻钢龙骨的应用领域如下。

（1）住宅建筑。在住宅建筑中，轻钢龙骨广泛应用于吊顶、隔墙、门窗等部位的构造。它不仅能够提供稳固的结构支撑，还能够满足室内装修的美观性和实用性要求。轻钢龙骨还具有良好的隔声、隔热性能，有助于提升居住环境的舒适度。

（2）商业建筑。在商业建筑中，轻钢龙骨同样发挥着重要作用。大型商场、购物中心、办公楼等场所的吊顶、隔断、外墙等部位均可采用轻钢龙骨结构体系。这种结构不仅美观大方、易于维护，还能够满足大跨度、大空间的设计需求。

（3）公共建筑。在机场、车站、体育馆等公共建筑中，轻钢龙骨因其优异的性能和灵活的施工方式而受到青睐。这些建筑往往对结构的安全性、稳定性和耐久性有较高要求，而轻钢龙骨正是满足这些要求的理想选择。

2.2.7 玻璃砖

玻璃砖（图2-37），顾名思义，是由玻璃材质压制而成的块状或空心盒状、体形较大的玻璃制品。根据结构的不同，玻璃砖主要分为实心玻璃砖和空心玻璃砖两大类。实心玻璃砖也称为水晶砖，其内部无空洞，整体结构紧密，具有较高的抗压强度和耐磨性。空心玻璃砖是由两块半坯在高温下熔接而成，内部形成中空结构，这种设计不仅减轻了砖体的重量，还赋予了其优异的隔声、隔热性能。

图2-37 玻璃砖

玻璃砖的生产过程严谨而复杂，主要包括原料混合、熔化、剪料、压制半坯、熔接或胶接、退火、检验、喷漆及包装等多个环节。其中，熔接法通过高温将两块凹形半块玻璃砖坯牢固黏结在一起，形成整体空心玻璃砖；胶接法则利用密封材料在温度和压力的作用下实现两块玻璃砖坯的黏结。尽管胶接法成本较低且产品尺寸准确，但其强度远低于熔接法产品。

空心玻璃砖是一种极具特色的建筑材料，具备隔声、隔热、防水、节能等多种功能。其内部的空心结构形成了良好的空气隔热层，能够有效阻止热量的传递，起到隔热保温的作用，减少室内外热量交换，降低建筑物的能源消耗，达到节能目的。同时，这种结构也能对声音起到阻隔作用，减少外界噪声的干扰，为室内创造安静的环境。在防水方面，玻璃砖本身的材质和结构使其具有良好的防水性能，可有效防止水分渗透，适用于卫生间、厨房等潮湿环境。正因为如此，空心玻璃砖成为绿色建材的典范，符合现代建筑对环保、节能的要求。

任务2.3 施工工艺

2.3.1 楼板工法

楼板是指预制场加工生产的一种混凝土预制件。楼板层中的承重部分，将房屋垂直方向分隔为若干层，并把人以及家具等竖向荷载和楼板自重通过墙体、梁或柱传递给基础。楼板工法

的施工主要存在于复式住宅中，考
虑到复式住宅上下两层没有楼板，
因此需要在中间制作楼板。楼板的
制作工法有两种（图2-38）：一种
是传统的现浇楼板，以钢筋混凝土
为原材料，钢筋承受拉力，混凝土
承受压力，其具有良好的坚固性、
耐久性及防火性；另一种是使用新

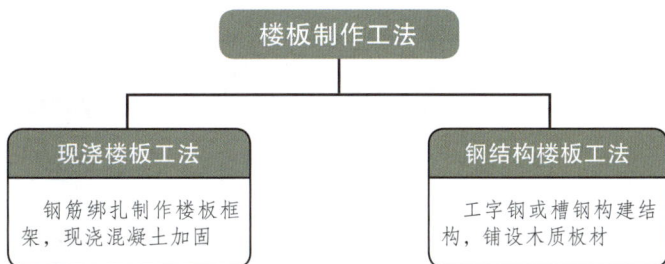

图2-38　楼板制作工法

型材料钢结构制作的钢结构楼板，以工字钢或槽钢为原材料，在上面铺设木质板材。具有性价
比高、占用空间面积小等特点。在构造合理且施工合格的情况下，钢结构楼板的稳定性与钢筋
混凝土现浇楼板相同，其施工速度快、安装简便，能够在不同的环境内进行安装，且与建筑物
同寿命，二次装修性能好，施工过程中很少产生建筑垃圾，有利于保护环境。

2.3.1.1　现浇楼板

现浇钢筋混凝土楼板是指在现
场依照设计位置，进行支模、绑扎
钢筋、浇筑混凝土，经养护、拆模
板而制作的楼板。如图2-39所示，
先在现场搭好模板，接着在模板上
安装好钢筋，然后在模板上浇筑混
凝土，最后拆除模板。现浇层相较
于预制楼板，不但能增强房屋的整
体性及抗震性，具有较大的承载
力，而且在隔热、隔声、防水等方
面也具有一定的优势。

图2-39　现浇楼板施工

现浇楼板施工流程概要如图2-40所示。

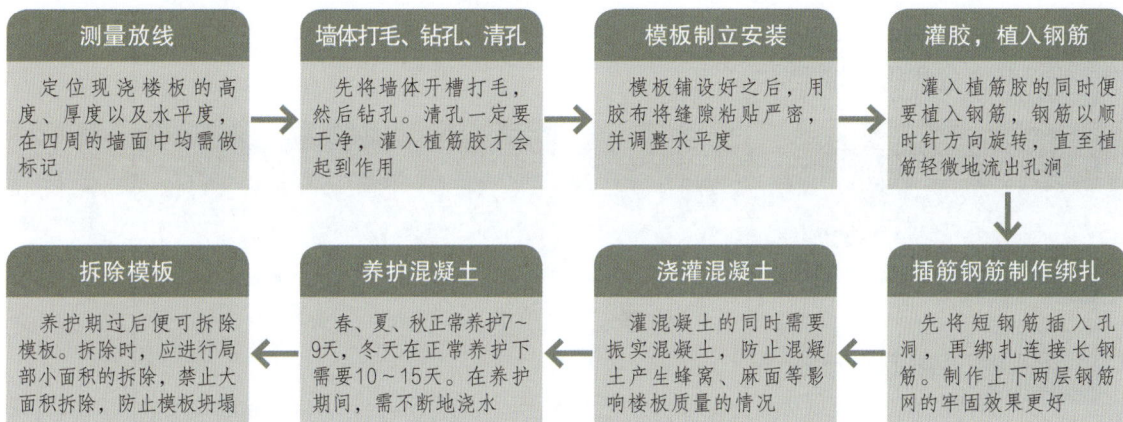

图2-40　现浇楼板施工流程概要

现浇楼板施工步骤详解如下。

步骤一：测量放线

（1）测量楼板高度。室内房屋的标准层高为1850～2750mm。因此，使用测量工具时先

测量层高的位置，然后在墙面中做标记。

（2）画线。从层高的标记处向上画，画线时需要画双线，标准的楼板厚度是130mm，双线的间距为110mm，如图2-41所示。常见的楼板厚度如下。

①楼板厚度80～100mm，用在厨房、卫生间、雨棚、阳台、过道、管道井等处。

②楼板厚度110～140mm，用在客厅、餐厅、卧室、书房、楼梯板等荷载比较大的地方。

③楼板厚140mm以上，用得很少，主要用在装配式混凝土结构的叠合板中，也就是预制叠合板和现浇板组合的楼板。

步骤二：墙体打毛、钻孔、清孔

（1）楼板层开槽、打毛。先根据墙面的画线标记开槽，开槽宽度为画线的宽度，是130mm；开槽的深度为30～50mm。然后将墙体打毛，形成凹凸不平的表面，如图2-42所示。

图2-41　现浇楼板弹线

（2）用电钻钻孔。钻孔大小根据钢筋大小而定，一般孔径大于钢筋4mm为宜，孔深为钢筋直径的10倍以上，钻孔间距为120mm，如图2-43所示。

图2-42　楼板层开槽

图2-43　电钻钻孔

（3）清孔。楼板层钻好孔后，用自动清孔器或手动清空器，将孔内杂物及灰清理干净，准备后续的植筋，如图2-44所示。

图2-44　清孔

步骤三：模板制立安装

（1）制作底模、侧模。用18mm厚胶合板做底模、侧模，40mm×60mm的木方做木档组成拼合式模板。拼好的模板不宜过大、过重，多以两人能抬动为宜。60mm×80mm、50mm×100mm、100mm×100mm木档作为钢管架支撑及现浇板主龙骨骨架。图2-45所示为模板制立。

（2）水平仪矫正模板平整度。支好模板后，先用水平仪校正模板底部平整度，无误后，再用胶布贴好模板缝，防止浇灌混凝土时漏浆，如图2-46所示。

图2-45　模板制立

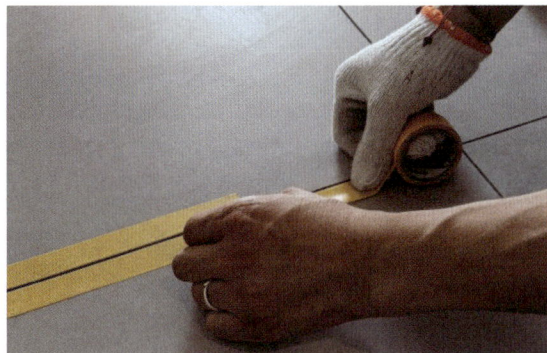

图2-46　胶布粘贴板缝

（3）涂刷模板脱模剂。配制好的模板必须刷模板脱模剂，不同部位的模板按规格、型号、尺寸在反面写明使用部位、分类编号，分别堆放保管，以免安装时出错。

步骤四：灌胶，植入钢筋

把混合好的植筋胶注入孔内，并保证注满，然后迅速地按顺时针方向旋进钢筋，直到孔底部。并确保24～48h不能触碰植入的钢筋，如图2-47和图2-48所示。

图2-47　将植筋胶注入孔内

图2-48　彩色植筋胶

步骤五：插筋钢筋制作绑扎

（1）选择钢筋型号。长钢筋采用14号的型号，短钢筋采用12号的型号，上下设计双层；小挑梁的钢筋需采用16号的型号，大挑梁的钢筋需采用20号的型号，如图2-49所示。当建筑结构面积大于10m²时，要对钢筋进行加强处理；若面积达到20m²以上，最好增设横梁来增强结构稳定性。另外，若涉及楼梯设计，无论面积大小，都必须增设横梁。

（2）铺设钢筋。将12号短钢筋插入灌有植筋胶的孔内，随后铺设14号长钢筋，如图2-50所示。全部铺设好之后，准备绑扎钢筋。

（3）绑扎钢筋。绑扎钢筋时一般用顺扣或八字扣，除外围两根筋的相交点应全部绑扎外，其余各点可交错绑扎（双向板相交点须全

图2-49　挑梁位置的钢筋

图2-50　铺设钢筋

部绑扎）；如板为双层钢筋，两层筋之间需加钢筋马凳，以确保上部钢筋的位置；负弯矩钢筋的每个相交点均要绑扎，如图2-51所示。

步骤六：浇灌混凝土

（1）确认混凝土材料。要保证水泥质量，石子要冲洗干净，尽量用粗黄沙。面积达到35m² 的楼板尽量用成品混凝土，如图2-52所示。

图2-51 绑扎钢筋

图2-52 成品混凝土

（2）浇灌混凝土。混凝土浇灌从内侧的边角开始，逐步向中间进行。浇灌过程中，不断地将混凝土压平，浇灌均匀，如图2-53所示。

（3）振实混凝土。混凝土浇入楼板的2h内必须用振动器来回振捣密实。主要目的是使钢筋混凝土整体性好，防止混凝土产生蜂窝、麻面等多种通病，如图2-54所示。成品后的现浇面的厚度不得低于100mm。

图2-53 浇灌混凝土

图2-54 振实混凝土

步骤七：养护混凝土

（1）根据温度选择养护方式。当温度在20℃以上时，每天都要浇水保养，并且每次都要确保楼面积水持续11～16min，8天后可以拆除模板；当温度在-15℃以下时，每2天浇水保养1次，15天后可以拆除模板，如图2-55所示。这种养护方式可使现浇面与原墙成为一体，每平方米可承重300kg。

（2）赶抢工期的养护方式。如在实际施工中，赶抢工期和浇水将影响弹线及施工人员作业，施工中必须坚持覆盖麻袋或草包进行1周左右的妥善保湿养护，如图2-56所示。

图2-55 浇水保养

图2-56 保养混凝土

步骤八：拆除模板

跨度在8m以上的混凝土强度≥100%，8m以及8m以下的混凝土强度≥75%时方可拆除模板，如图2-57所示。混凝土的强度在浇筑完前3天上升最快，从0可以达到50%以上，7天时可以达到95%左右，14天可以到达110%以上，之后仍会以很慢的速度增强。

图2-57　拆除模板

2.3.1.2　钢结构楼板

钢结构楼板属于二次结构制作与安装范畴，常被巧妙地安置于复式住宅的夹层空间之中。在完成夹层钢结构主梁以工字钢为主体的搭建后，紧接着会在主体结构上铺设轻盈的钢构楼板或木制楼板。钢结构楼板不仅具备自重轻、抗震性能优越、耐冲击性强等诸多优势，而且其搭建过程迅速高效，施工操作简便灵活。无论是作为家庭住宅的夹层楼板，还是商业空间的主层楼板，钢结构楼板均展现出卓越的承重性能，充分满足各种使用需求，如图2-58所示。

图2-58　钢结构楼板

钢结构楼板的施工流程概要如图2-59所示。

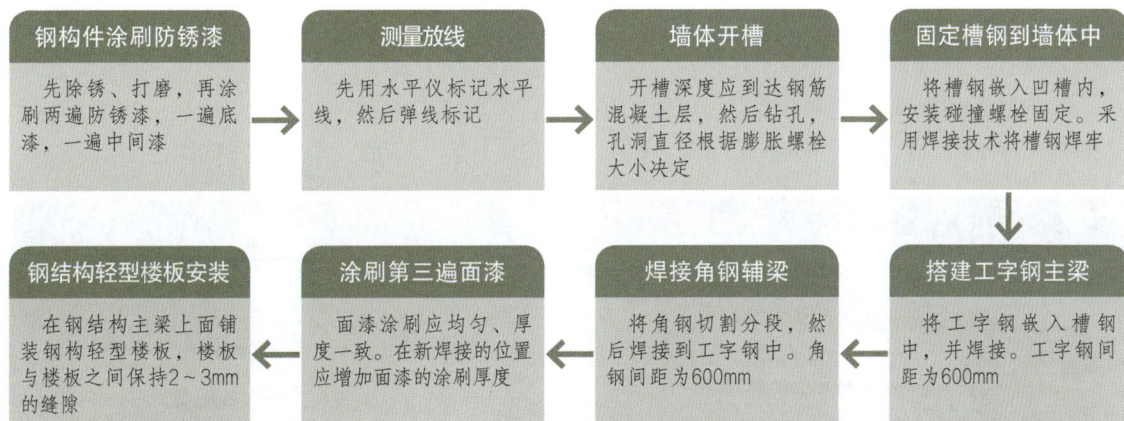

图2-59　钢结构楼板施工流程概要

钢结构楼板施工步骤详解如下。

步骤一：钢构件涂刷防锈漆

（1）钢构件除锈。根据图纸设计，对现场预制生产的所有钢构件进行全方位除锈、打磨，如图2-60所示。

（2）涂刷两遍防锈漆。涂刷底漆的作用是防锈、增加油漆对基材的附着力，如图2-61所示，涂刷中间漆可以增加漆膜的厚度，因此是最重要的一道工序。待钢构件安装好后，再涂刷第三遍面漆。

图2-60　除锈、打磨处理

步骤二：测量放线

（1）测量水平线。先用激光水平仪测量出屋内较高点，然后找出基准点，测量出钢结构水平线，如图2-62所示。

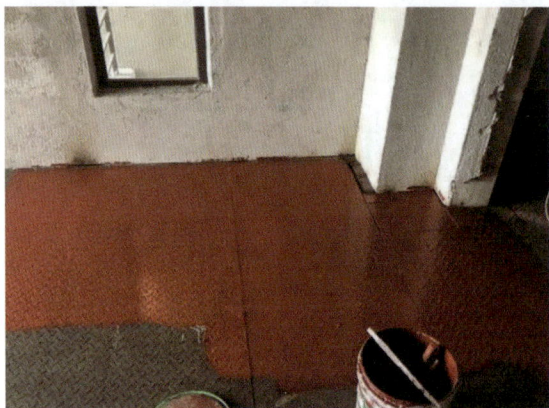

图2-61 涂刷防锈漆

图2-62 激光水平仪测量水平线

（2）弹线。在墙面上弹出标准位置线，其水平线和位置线上下误差应小于3mm。

步骤三：墙体开槽

（1）开槽至混凝土层。沿着墙体的水平线开一条约20mm深的凹槽。深度要求去掉墙面上的找平抹灰涂层，直至露出钢筋混凝土，使槽钢可直接固定到钢筋混凝土中，增加牢固度。

（2）钻孔。在开好的凹槽内钻孔，间距保持在350～500mm。钻孔的深度为100～150m，具体深度根据安装的膨胀螺栓大小来决定。

步骤四：固定槽钢到墙体中

先将槽钢镶嵌在开好的凹槽中，再用膨胀螺栓拧紧固定，如图2-63所示。然后使用焊接技术将槽钢焊接牢固，这样可使槽钢和混凝土墙体固定得更扎实，形成一个整体，如图2-64所示。

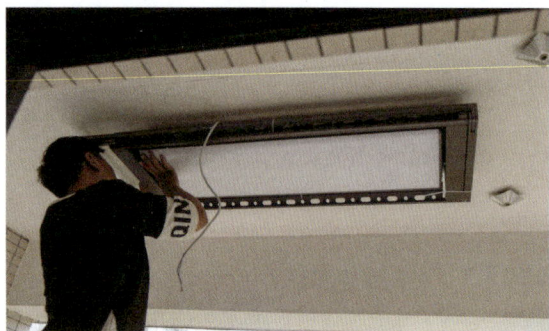

图2-63 安装膨胀螺栓

图2-64 固定焊接槽钢

步骤五：搭建工字钢主梁

（1）去掉工字钢的上下沿。若工字钢和槽钢的宽度一样，则需要使用电动工具去掉工字钢的上下沿，如图2-65所示。

（2）工字钢焊接到槽钢中。利用槽钢的特殊形状，将工字钢两端插入槽钢内，并焊接固定。焊接方法应采用先点焊，后加固，最后满焊的方式。工字钢之间间距应保持为600mm，如图2-66所示。

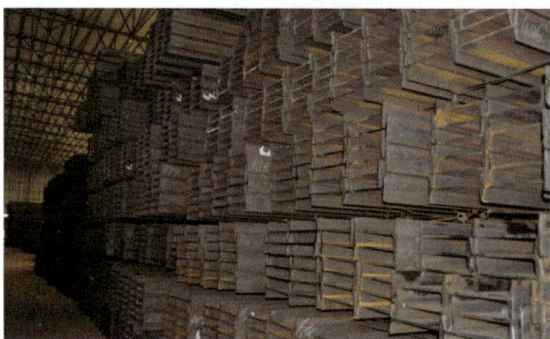

图2-65 去掉工字钢的上下沿

步骤六：焊接角钢辅梁

（1）将角钢分段。使用电动工具将角钢分段，每段的长度为600~650mm，如图2-67所示。考虑到角钢需要嵌入工字钢内，因此角钢的长度应顶到工字钢内壁。

（2）角钢焊接到工字钢中。将角钢焊接到工字钢中，角钢之间的间距为600mm。需要注意，焊接角钢时要采用满焊而不是点焊，满焊的角钢连接效果更牢固，如图2-68所示。

图2-66　均匀的工字钢间距

图2-67　角钢切割分段

图2-68　满焊角钢

步骤七：涂刷第三遍面漆

涂刷第三遍面漆时，对于新焊接的位置应增加油漆厚度，起到防锈的作用。面漆涂刷的过程中，应保持均匀、厚度一致，如图2-69所示。

步骤八：钢结构轻型楼板安装

楼板铺设的过程中两边搭接时，要搭接在钢结构的主梁上，不要搭接在空处（图2-70）。铺板时注意板与板之间保留2~3mm的伸缩缝。

图2-69　涂刷面漆

图2-70　钢结构轻型楼板安装

2.3.2　隔墙制作工法

隔墙用于分隔户型内的空间，增加空间的独立性和隐私性。因此，面对不同的空间功能与空间诉求，可采用相应的隔墙制作工法来处理。最常规的隔墙制作工法为砖砌隔墙，是采用红砖等为材料砌筑而成的隔墙，具有坚固、防水、耐用等特点。轻质水泥板隔墙相较于砖砌隔墙，在厚度上有所减少，适合小户型中对私密性有要求的家庭。木龙骨隔墙和轻钢龙骨隔墙属于同一种类的隔墙，两者的制作工法有相近之处。轻钢龙骨隔墙相较于木龙骨隔墙，施工更加便捷，防火效果更好。玻璃隔墙和玻璃砖隔墙适合应用于对采光有需求的空间。玻璃隔墙的厚度薄，但安全性差，玻璃砖隔墙的厚度厚，但坚固耐用，且防水、防潮。隔墙制作工法如图2-71所示。

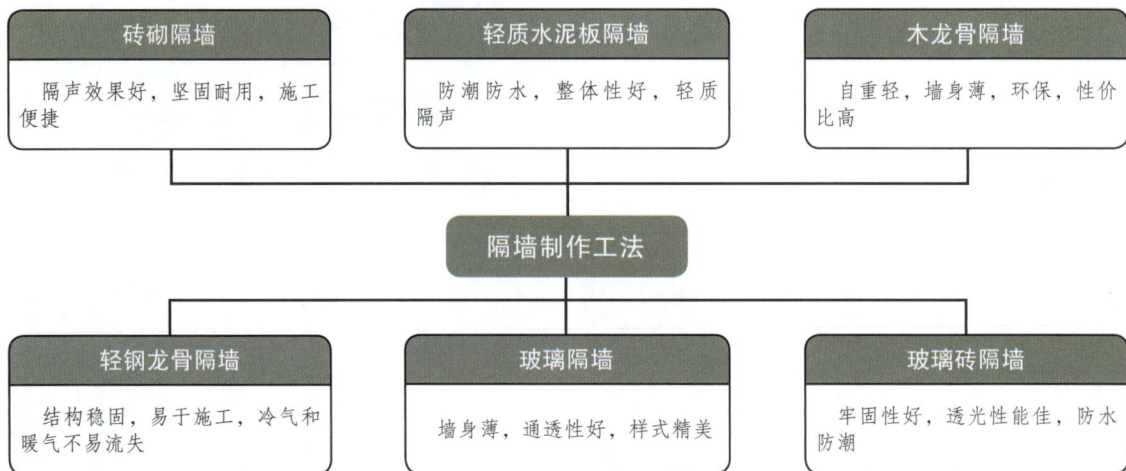

砖砌隔墙	轻质水泥板隔墙	木龙骨隔墙
隔声效果好，坚固耐用，施工便捷	防潮防水，整体性好，轻质隔声	自重轻，墙身薄，环保，性价比高

隔墙制作工法

轻钢龙骨隔墙	玻璃隔墙	玻璃砖隔墙
结构稳固，易于施工，冷气和暖气不易流失	墙身薄，通透性好，样式精美	牢固性好，透光性能佳，防水防潮

图2-71 隔墙制作工法

2.3.2.1 砖砌隔墙

砖砌隔墙是一种最为常见的隔墙砌筑形式，采用红砖、空心砖、轻体砖等材料，搭配水泥砌筑而成，坚固耐用，具有良好的抗冲击性，如图2-72所示。砖砌隔墙适合砌筑在卫生间、厨房等区域。在卫生间、厨房中，墙面需要粘贴瓷砖，而与瓷砖黏合性最好的隔墙便是砖砌隔墙，同时能起到良好的防水、防潮等效果。

图2-72 砖砌隔墙

砖砌隔墙施工流程概要如图2-73所示。

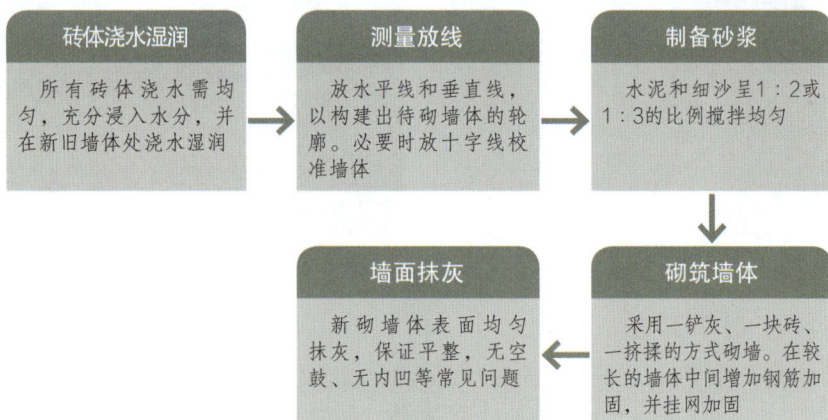

砖体浇水湿润	测量放线	制备砂浆
所有砖体浇水需均匀，充分浸入水分，并在新旧墙体处浇水湿润	放水平线和垂直线，以构建出待砌墙体的轮廓。必要时放十字线校准墙体	水泥和细沙呈1:2或1:3的比例搅拌均匀

墙面抹灰	砌筑墙体
新砌墙体表面均匀抹灰，保证平整，无空鼓、无内凹等常见问题	采用一铲灰、一块砖、一挤揉的方式砌墙。在较长的墙体中间增加钢筋加固，并挂网加固

图2-73 砖砌隔墙施工流程概要

砖砌隔墙施工步骤详解如下。

步骤一：砖体浇水湿润

（1）待砌砖体浇水。砖体浇水湿润在砌筑施工前一天进行，一般以水浸入砖四边150mm为宜，如图2-74所示，不可在同一位置反复浇水，浇水量不可过大，保证砖面全部被水湿润浸入即可。需要注意的是，在雨季，砖体浇水以湿润为主，在干燥季节，应增加砖体的浸水度。

（2）新旧墙体处浇水。在新砌墙和原结构接触处，需浇水湿润，确保砖体的粘接牢固度，如图2-75所示。

图2-74　砖体浇水湿润

图2-75　原结构接触处浇水

步骤二：测量放线

（1）门、窗口放线。确定新砌墙体的位置有无门口、窗口，在门口或窗口的宽度、高度上放线标记。

（2）待砌墙体放线。先在砌墙的两边放垂直竖线做标记，以计算砖墙的砌筑方式。然后在墙体的阴角、阳角处放垂直线，如图2-76所示，构造出墙体的轮廓。最后在离地500mm左右的位置放横线，如图2-77所示，并随着砖墙向上砌筑，而不断上移，与砖墙始终保持200mm左右的距离。

图2-76　边角处放垂直线

图2-77　砌砖处放横线

步骤三：制备砂浆

对于砌筑于砖体内部以起到黏合作用的水泥砂浆，建议采用水泥与沙子比例为1:3

的混合配比；而当水泥砂浆用于粘贴砖体表面时，可选用纯水泥，或者采用水泥与沙子比例为1：2的混合配比。制备砂浆如图2-78所示。

步骤四：砌筑墙体

（1）砌砖墙。如图2-79所示，砌砖宜采用一铲灰、一块砖、一挤揉的"三一"砌砖法，即满铺满挤操做法。砌砖一定要跟线，"上跟线、下跟棱，左右相邻要对平"。

（2）留缝。水平灰缝厚度和竖向灰缝宽度一般为10mm，但不应小于8mm，也不应大于12mm。

（3）砖墙加固。在新旧墙体的衔接处，在两面墙体连接的内部，需每隔600mm置入一根长度不小于400mm的6mm粗L形钢筋，如图2-80所示，并采用植筋胶水进行二次固定。而在墙体连接点的外部，需要铺设一张宽度不少于150mm的铁丝网，如图2-81所示，用以增强两者的连接紧密性。

图2-78　制备砂浆

图2-79　"三一"砌砖法

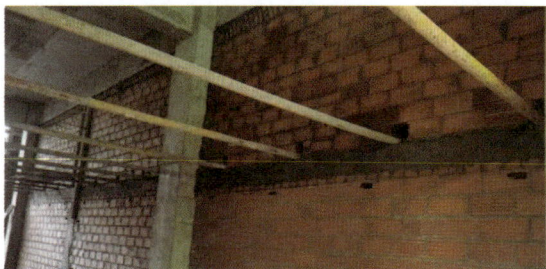

图2-80　砖墙植入钢筋加固

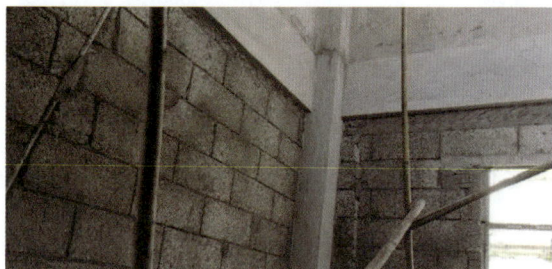

图2-81　挂铁丝网加固

小贴士

六种常见的砖墙砌筑方式

不同厚度的砖墙，砌筑的方式并不相同。常见厚度的墙体有120mm厚墙、180mm厚墙、370mm厚墙以及240mm厚墙。其中240mm厚墙有三种砌筑方式，分别是"一顺一丁式""多顺一丁式""十字式"，如图2-82所示。

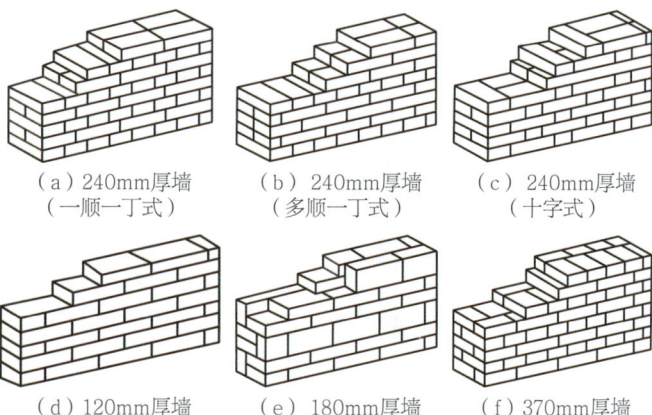

（a）240mm厚墙（一顺一丁式）　（b）240mm厚墙（多顺一丁式）　（c）240mm厚墙（十字式）

（d）120mm厚墙　（e）180mm厚墙　（f）370mm厚墙

图2-82　砖墙砌筑方法

步骤五：墙面抹灰

墙面抹灰如图2-83所示。从上往下打底，底层砂浆抹完后将架子升上去，再从上往下抹面层砂浆。注意在抹面层砂浆前，先检查底层砂浆有无空、裂现象，如有应剔凿返修后再抹面层砂浆；另外应注意底层砂浆上的尘土、污垢等，应先清净，浇水湿润后，方可进行面层抹灰。

图2-83　墙面抹灰

抹灰层与基层之间，以及各抹灰层相互之间，必须确保粘接牢固。在采用水泥砂浆或混合砂浆进行抹灰作业时，需等待前一层抹灰完全凝结后，方可继续抹筑第二层。而若使用石灰砂浆进行抹灰，则需等待前一层抹灰达到七八成干燥程度时，再进行下一层的抹筑工作。

2.3.2.2　轻质水泥板隔墙

轻质水泥板隔墙是一种轻质隔墙板，如图2-84所示，是用新型节能墙材料打造而成的，外形像空心楼板，但是它的两侧有公、母隼槽，安装的时候仅仅需要将板材立起，并在公、母隼上涂少量嵌缝砂浆后拼接起来即可。它由轻质钢渣、无毒无害化磷石膏、粉煤灰等多种工业废物组成，通过加压养护而成。这样的隔墙不仅重量轻、强度高、多重环保、保温隔热，还具有隔声、呼吸调湿、防火、快速施工、降低制作费用等优点。

图2-84　轻质水泥板隔墙

轻质水泥板隔墙施工流程概要如图2-85所示。

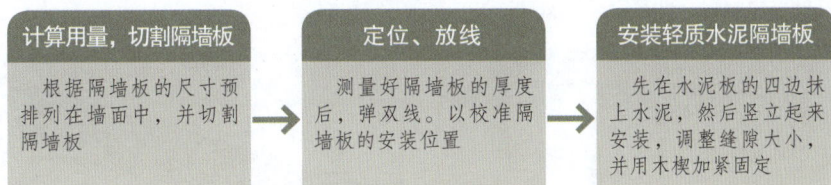

计算用量，切割隔墙板	定位、放线	安装轻质水泥隔墙板
根据隔墙板的尺寸预排列在墙面中，并切割隔墙板	测量好隔墙板的厚度后，弹双线。以校准隔墙板的安装位置	先在水泥板的四边抹上水泥，然后竖立起来安装，调整缝隙大小，并用木楔加紧固定

图2-85　轻质水泥板隔墙施工流程概要

轻质水泥板隔墙施工步骤详解如下。

步骤一：计算用量，切割隔墙板

隔墙板如图2-86所示。轻质水泥隔墙板的宽度为600～1200mm，长度为2500～4000mm。根据所购买的隔墙板的尺寸，预排列在墙面中，计算用量，多余的部分使用手持电锯切割，如图2-87所示。

图2-86　隔墙板

图2-87　待切割的隔墙板

步骤二：定位、放线

（1）墙板厚度。使用卷尺测量轻质水泥隔墙板的厚度。常见的隔墙板厚度有90mm、120mm、150mm三种规格。

（2）弹线。在砌筑轻质水泥隔墙板的轴线上弹线，按照隔墙板厚度弹双线，分别固定在上下两端。

步骤三：安装轻质水泥隔墙板

（1）泥砂浆。将条板侧抬至梁、板底面弹有安装线的位置，将准备好的水泥砂浆全部涂抹到黏结面上，两侧做八字角。

（2）泥隔墙板。竖板时一人在一边推挤，另一人在下面用撬棍撬起，挤紧缝隙，以挤出胶浆为宜。在推挤时，注意板面找平、找直。

（3）整接缝，木楔固定。安装好第一块条板后，检查接缝隙大小，以不大于15mm为宜，合格后即用木楔楔紧条板底部和顶部，用刮刀将挤出的水泥砂浆补齐刮平，以安装好的第一块板为基础，按第一块板的方法开始安装整墙条板，如图2-88所示。

（4）门洞处安装隔墙板。无门洞口，从外向内安装；有门洞口，由门洞口向两边扩展，门洞口边使用整板，如图2-89所示。

图2-88　轻质水泥隔墙板安装完成

图2-89　门洞处安装隔墙板

2.3.2.3　木龙骨隔墙

木龙骨隔墙是采用木龙骨为结构骨架、纸面石膏板为表面饰材的一种墙身薄、重量轻、便于造型和施工的隔墙，如图2-90所示。当室内隔墙需要一定造型或装饰性时可以采用木龙

图2-90　木龙骨隔墙

骨隔墙。木龙骨的结构多变，可制作出多种造型，除了承担起隔墙的作用外，还可在木龙骨隔墙的表面设计样式，如暗藏式灯带、凹凸造型等。但由于木龙骨隔墙为全木质材料组成，因此不适合安装在卫生间、厨房等水汽大、潮湿的空间，容易发霉变形。

木龙骨隔墙施工流程概要如图2-91所示。

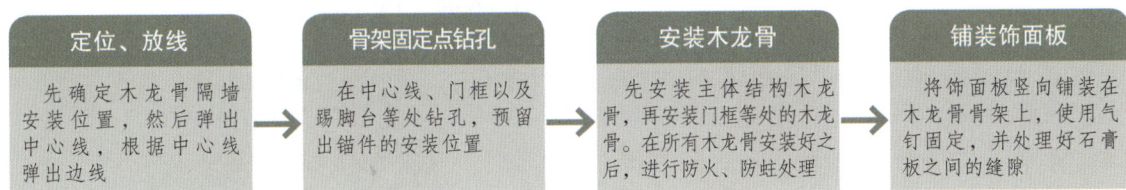

定位、放线	骨架固定点钻孔	安装木龙骨	铺装饰面板
先确定木龙骨隔墙安装位置，然后弹出中心线，根据中心线弹出边线	在中心线、门框以及踢脚台等处钻孔，预留出锚件的安装位置	先安装主体结构木龙骨，再安装门框等处的木龙骨。在所有木龙骨安装好之后，进行防火、防蛀处理	将饰面板竖向铺装在木龙骨骨架上，使用气钉固定，并处理好石膏板之间的缝隙

图2-91　木龙骨隔墙施工流程概要

木龙骨隔墙施工步骤详解如下。

步骤一：定位、放线

（1）弹出中心线和边线。根据装修设计图纸，在室内楼地面上弹出隔墙中心线和边线，引测至两主体结构墙面和楼底板面，同时弹出门窗洞口线。

（2）弹出踢脚线台边线。设计有踢脚线时，弹出踢脚线台边线，先施工踢脚台，踢脚台完工后，再弹出下槛龙骨安装基准线。

步骤二：骨架固定点钻孔

（1）中心线上锚件钻孔。定位线弹好后，如结构施工时已预埋了锚件，则应检查锚件是否在墨线内。偏离较大时，应在中心线上重新钻孔，打入防腐木楔。

（2）门框边设立筋固定点。门框边应单独设立筋固定点。隔墙顶部如未预埋锚件，则应在中心线上重新钻固定上槛的孔眼，不可以发挥创意乱打孔。

（3）踢脚台锚件钻孔。下槛如有踢脚台，则锚件设置在踢脚台上，否则应在楼地面的中心线上重新钻孔。

步骤三：安装木龙骨

（1）安装主体结构墙木龙骨。在安装主体结构墙的木龙骨时，首先需确保靠主体结构墙的边立筋与墨线精确对齐，并使用圆钉将其牢固地钉在防腐木砖上。随后，将上槛对准预定的边线进行就位，并确保其两端紧密顶靠在靠墙的立筋顶部，之后用圆钉将其钉牢，并按预先钻好的孔眼位置，用金属膨胀螺栓进行进一步固定。接着，将下槛也对准边线进行就位，同样确保其两端紧密顶靠在靠墙的立筋底部，用圆钉钉牢后，再用金属螺栓加以固定，或者选择将其与踢脚台的预埋木砖钉固在一起，以确保整体的稳定性和牢固性，如图2-92所示。

（2）安装门框结构墙木龙骨。紧靠门框立筋的上、下端应分别顶紧上、下槛（或踢脚台），并用圆钉双面斜向钉入槛内，且立筋垂直度检查应合格；量准尺寸，分别等间距排列中间立筋，并在上、下槛上画出位置线。依次在上、下槛之间撑立立筋，找好垂直度后，分别与上、下槛钉牢，如图2-93所示。

图2-92　安装木龙骨主体结构

（3）在立筋之间撑钉横撑。立筋间要撑钉横撑，两端分别用圆钉斜向钉牢于立筋上。同一行横撑要在同一水平线上。

（4）进行防火、防蛀处理。如图2-94所示，安装饰面板前，应对龙骨进行防火、防蛀处理。隔墙内管线的安装应符合设计要求。

步骤四：铺装饰面板

（1）处理木龙骨骨架。隔墙木骨架通过

图2-93　门框边木龙骨固定

隐蔽工程验收后方可铺装饰面板；与饰面板接触的龙骨表面应刨平刨直，横竖龙骨接头处必须平整，其表面平整度不得大于3mm。胶合板背面应进行防火处理。

（2）植入钉子固定。用普通圆钉固定时，钉距为80～150mm，钉帽要砸扁，冲入板面0.5～1.0mm。采用钉枪固定时，钉距为80～100mm。

（3）处理石膏板接缝。纸面石膏板宜竖向铺设，长边接缝应安装在立筋上，龙骨两侧的石膏板接缝应错开，不得在同一根龙骨上接缝，如图2-95所示。

图2-94　对木龙骨进行防火处理

图2-95　铺装饰面板完成

2.3.2.4 轻钢龙骨隔墙

轻钢龙骨隔墙是采用轻钢龙骨为结构骨架、纸面石膏板为表面饰材的一种隔墙，如图2-96所示，具有重量轻、强度较高、耐火性好、通用性强且安装简易等特点。轻钢龙骨隔墙和木龙骨隔墙属于同一类型的隔墙，两者相比较而言，轻钢龙骨隔墙的抗冲击性、防震效果更好，作为隔墙材料，内部可填充隔声棉，以起到良好的隔声、吸音、恒温等作用。轻钢龙骨隔墙对楼板的承重要求较低，因此适合安装在复式住宅中的钢结构楼板上作为隔墙材料。

图2-96 轻钢龙骨隔墙

轻钢龙骨隔墙施工流程概要如图2-97所示。

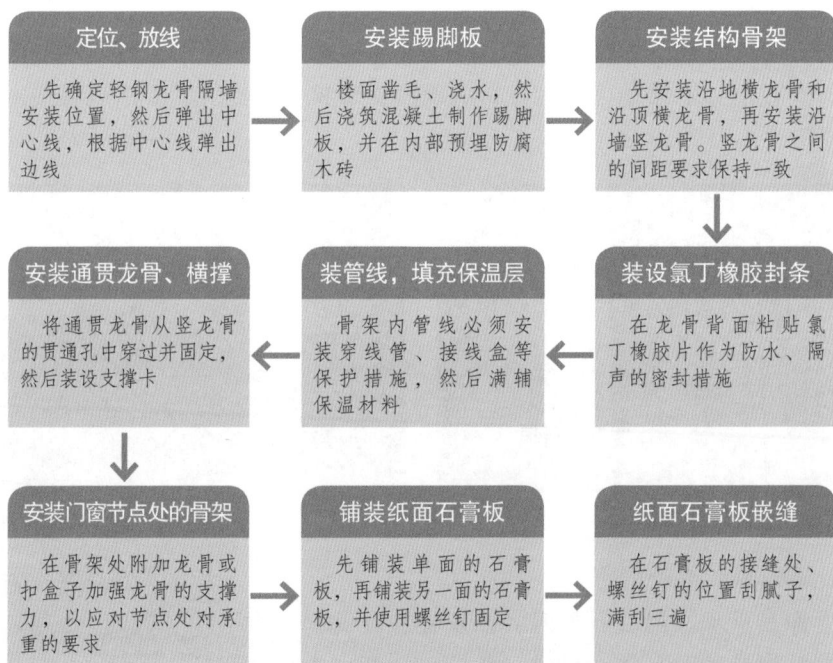

定位、放线	安装踢脚板	安装结构骨架
先确定轻钢龙骨隔墙安装位置，然后弹出中心线，根据中心线弹出边线	楼面凿毛、浇水，然后浇筑混凝土制作踢脚板，并在内部预埋防腐木砖	先安装沿地横龙骨和沿顶横龙骨，再安装沿墙竖龙骨。竖龙骨之间的间距要求保持一致

安装通贯龙骨、横撑	装管线，填充保温层	装设氯丁橡胶封条
将通贯龙骨从竖龙骨的贯通孔中穿过并固定，然后装设支撑卡	骨架内管线必须安装穿线管、接线盒等保护措施，然后满铺保温材料	在龙骨背面粘贴氯丁橡胶片作为防水、隔声的密封措施

安装门窗节点处的骨架	铺装纸面石膏板	纸面石膏板嵌缝
在骨架处附加龙骨或扣盒子加强龙骨的支撑力，以应对节点处对承重的要求	先铺装单面的石膏板，再铺装另一面的石膏板，并使用螺丝钉固定	在石膏板的接缝处、螺丝钉的位置刮腻子，满刮三遍

图2-97 轻钢龙骨隔墙施工流程概要

轻钢龙骨隔墙施工步骤详解如下。

步骤一：定位、放线

如图2-98所示，确定轻钢龙骨隔墙的安装位置，在地面中弹出一根中心线。测量轻钢龙骨隔墙的宽度，并根据宽度弹出边线。

步骤二：安装踢脚板

若设计要求设置踢脚板，应按照踢脚板详图先进行踢脚板施工。将楼地面凿毛清扫后，立即洒水，浇筑混凝土。但进行踢脚板施工时，应预埋防腐木砖，以方便沿地龙骨固定。

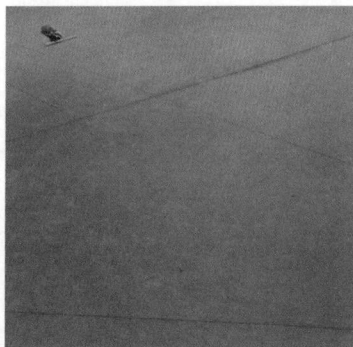

图2-98 地面弹线

步骤三：安装结构骨架

（1）安装沿地横龙骨（下槛）和沿顶横龙骨（上槛）。如果沿地龙骨安装在踢脚板上，应等踢脚板养护到期达到设计强度后，在其上弹出中心线和边线。地龙骨固定：如已预埋木砖，则将地龙骨用木螺钉钉结在木砖上；如无预埋件，则用射钉进行固结，或先钻孔，再用膨胀螺栓进行连接固定，如图2-99所示。沿地、沿顶龙骨应安装牢固，龙骨与基体的固定点其间距不应大于1000mm。安装沿地、沿顶的木楞时应将木楞两端深入墙内至少120mm，以保证隔墙与墙体连接牢固。

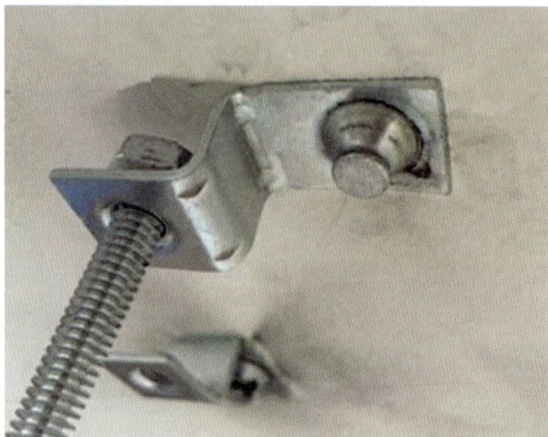

图2-99　射钉固定沿顶横龙骨

（2）安装沿墙（柱）竖龙骨。如图2-100所示，以龙骨上的穿线孔为依据，首先确定龙骨上下两端的方向，尽量使穿线孔对齐。竖龙骨的长度尺寸，应按照现成实测为准。前提是保证竖龙骨能够在沿地、沿顶龙骨的槽口内滑动，如图2-101所示，其截料长度应比沿地、沿顶龙骨内侧的距离略短15mm左右。

图2-100　安装竖龙骨

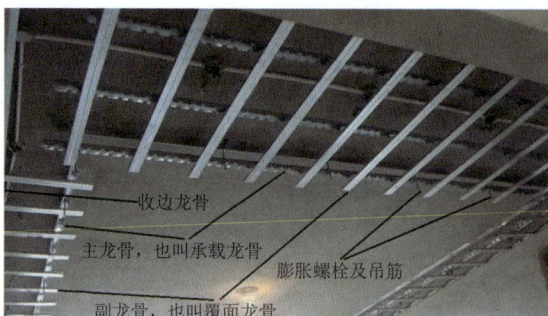

收边龙骨
主龙骨，也叫承载龙骨
膨胀螺栓及吊筋
副龙骨，也叫覆面龙骨

图2-101　横、竖龙骨固定细节

步骤四：装设氯丁橡胶封条

在装设沿地、沿顶、沿墙骨架时，要求在龙骨背面粘贴两道氯丁橡胶片作为防水、隔声的密封措施。因此，操作时可先用宽100mm的双面胶每隔500mm在龙骨靠建筑结构面粘贴一段，然后将橡胶条粘贴其上。

步骤五：装管线，填充保温层

（1）安装电路管线、接线盒和配电箱。如图2-102所示，当隔墙墙体内需穿电线时，竖龙骨制品一般设有穿线孔，电线及其PVC（聚氯乙烯）管通过竖龙骨上的切口穿插。同时，装上配套的塑料接线盒以及用龙骨装置成配电箱等。

（2）绑扎保温材料。如图2-103所示，墙体内要求填塞保温绝缘材料时，可在竖龙骨上用镀锌铁丝绑扎或用胶黏剂、钉件和垫片等固定保温材料。

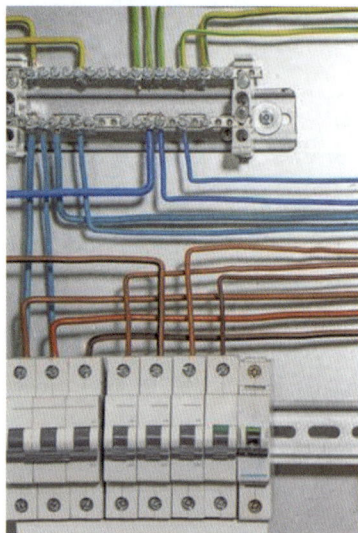

图2-102　安装电路管线以及接线盒

步骤六：安装通贯龙骨、横撑

（1）装设通贯龙骨。当隔墙采用通贯系列龙骨时，竖龙骨安装后装设通贯龙骨，要求在水平方向从各条竖龙骨的贯通孔中穿过。

（2）通贯龙骨安装要求。在竖龙骨的开口面用支撑卡固定并锁闭此处的敞口。根据施工规范的规定，低于3000mm的隔墙安装一道通贯龙骨；3000～5000mm的隔墙应安装两道，如图2-104所示。

（3）装设支撑卡。在装设支撑卡时，卡距应控制在400～600mm。对于不属于支撑卡系列的竖龙骨，为了确保通贯龙骨的稳定性，可以在竖龙骨的非开口面采用角托进行加固。具体操作时，使用抽芯铆钉或自攻螺钉将角托与竖龙骨紧密衔接，并通过角托来支撑和固定通贯龙骨，从而提升整个结构的稳固性。

图2-103　填塞保温材料

图2-104　安装并固定横向通贯龙骨

步骤七：安装门窗节点处的骨架

如图2-105所示，门窗等节点处的骨架，可使用附加龙骨或扣盒子加强龙骨，应按照设计图纸来安装固定。装饰性木质门框一般用自攻螺钉与洞口处竖龙骨固定。门框横梁与横龙骨以同样的方法连接。

步骤八：铺装纸面石膏板

（1）安装单面的石膏板。先安装一个单面，待墙体内部管线及其他隐蔽设施和填塞材料铺装完毕后再封钉另一面的板材。罩面板材宜采用整板。板块一般纵向铺装，曲面隔墙可采用横向铺板。

（2）装钉石膏板。如图2-106所示，石膏板的装钉应从板中央向板的四周顺序进行。中

图2-105　安装门口处骨架

图2-106　自攻螺钉固定纸面石膏板

间部位自攻螺钉的钉距不大于300mm，板块周边自攻螺钉的钉距应不大于200mm，螺钉距板边缘的距离应为10～15mm。自攻螺钉钉头略埋入板面，但不得损坏板材和护面纸。

步骤九：纸面石膏板嵌缝

（1）在缝隙处刮三层腻子。清除缝内杂物，并嵌填腻子。待腻子初凝时（30～40min），刮一层较稀的腻子，厚度1mm，随即贴穿孔纸带，纸带贴好后放置一段时间，待水分蒸发后，在纸带上再刮一层腻子，将纸带压住，同时把接缝板找平，如图2-107所示。

图2-107　石膏板缝隙钉眼嵌缝

（2）勾明缝。安装时将胶黏剂及时刮净，保持明缝顺直清晰。

2.3.2.5　玻璃隔墙

玻璃隔墙如图2-108所示，采用钢化玻璃、磨砂玻璃、印花玻璃等材料搭配不锈钢等金属材料固定而成，具有厚度薄、透光性佳等优点。在室内空间中，玻璃隔墙适合安装在客厅、餐厅以及书房等区域；在办公空间中，玻璃隔墙适合安装在办公区域或过道中。玻璃隔墙既可实现对空间的分隔效果，又不会阻碍空间的通透性，且不会导致空间

图2-108　玻璃隔墙

拥挤、狭小。在具体的施工中，玻璃隔墙安装方便快捷，装修废料以及灰尘较少，且对施工人员的技术要求不高。

玻璃隔墙施工流程概要如图2-109所示。

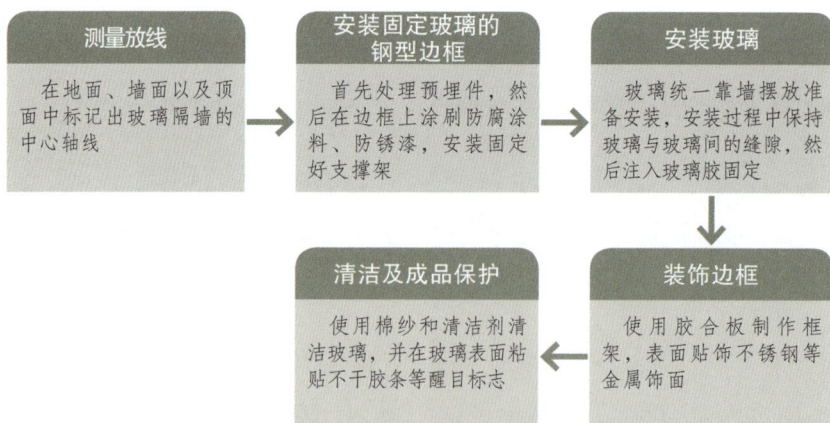

测量放线	安装固定玻璃的钢型边框	安装玻璃
在地面、墙面以及顶面中标记出玻璃隔墙的中心轴线	首先处理预埋件，然后在边框上涂刷防腐涂料、防锈漆，安装固定好支撑架	玻璃统一靠墙摆放准备安装，安装过程中保持玻璃与玻璃间的缝隙，然后注入玻璃胶固定

清洁及成品保护	装饰边框
使用棉纱和清洁剂清洁玻璃，并在玻璃表面粘贴不干胶条等醒目标志	使用胶合板制作框架，表面贴饰不锈钢等金属饰面

图2-109　玻璃隔墙施工流程概要

玻璃隔墙施工步骤详解如下。

步骤一：测量放线

（1）弹线标记。根据设计图纸尺寸测量放线，测出基层面的标高、玻璃墙中心轴线及上、下部位收口不锈钢槽的位置线。

（2）预留厚度及标高。对于落地无框玻璃隔墙，应留出地面饰面厚度（如果有踢脚线，则应考虑踢脚线3个面饰面层厚度）及顶部限位标高（吊顶标高）。

步骤二：安装固定玻璃的钢型边框

（1）处理预埋铁件，焊牢膨胀螺栓。如果没有预埋铁件，或预埋铁件位置已不符合要求，则应先设置金属膨胀螺栓焊牢。然后将型钢（角钢或薄壁槽钢）按已弹好的位置线安放好，在检查无误后随即与预埋铁件或金属膨胀螺栓焊牢。

（2）涂刷防腐、防锈涂料。在安装型钢材料前，应刷好防腐涂料，焊好后在焊接处应再补刷防锈漆。

（3）制作吊挂玻璃支撑架。当较大面积的玻璃隔墙采用吊挂式安装时，应先在建筑结构或板下做出吊挂玻璃的支撑架并安好吊挂玻璃的夹具及上框，如图2-110所示。

步骤三：安装玻璃

（1）玻璃就位。先将边框内的槽口清理干净，槽口内不得有垃圾或积水，并垫好防震橡胶垫块。用2~3个玻璃吸器把厚玻璃吸牢，由2~3人手握吸盘同时抬起玻璃，先将玻璃竖着插入上框槽口内，然后轻轻垂直下落，放入下框槽口内，如图2-111所示。

图2-110 安装玻璃支撑架

图2-111 玻璃就位

（2）调整玻璃位置。将靠墙的玻璃推到墙边，使其插入贴墙的边框槽口内，然后安装中间部位的玻璃。两块玻璃之间接缝时应留2~3mm的缝隙，或留出与玻璃稳定器（玻璃肋）厚度相同的缝，如图2-112所示。此缝是为打胶而准备的，因此玻璃下料时应计算留缝宽度尺寸。

（3）嵌缝打胶。玻璃全部就位后，校正平整度、垂直度，同时用聚苯乙烯泡沫嵌条嵌入槽口内，使玻璃与金属槽接合平伏、紧密，然后打硅酮（聚硅氧烷）结构胶。打玻璃胶如图2-113所示。注胶时，一只手托住注胶枪，另一只手用力握紧，将结构胶均匀注入

图2-112 玻璃与玻璃之间预留缝隙

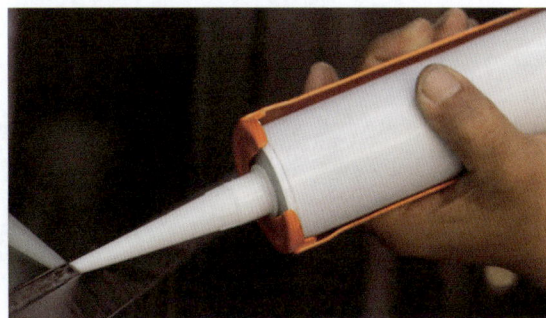

图2-113 打玻璃胶

缝隙中，注满之后随即用塑料片在厚玻璃的两面刮平玻璃胶，然后清洁溢出到玻璃表面的胶迹。

步骤四：装饰边框

精细加工玻璃边框在墙面或地面的饰面层时，应用9mm胶合板作为衬板，用不锈钢等金属饰面材料，做成所需的形状，然后用胶粘贴于衬板上，从而得到表面整齐、光洁的边框。

步骤五：清洁及成品保护

玻璃隔墙安装好后，先用棉纱和清洁剂清洁玻璃表面的胶迹及污痕，然后用粘贴不干胶条、磨砂胶条等办法做出醒目的标志，以防止碰撞玻璃的意外发生，如图2-114所示。

图2-114　清洁完成的玻璃隔墙

2.3.2.6　玻璃砖隔墙

玻璃砖隔墙是采用方块形状的透明玻璃砖砌筑而成的，具有一定的厚度、隔声性，以及良好的透光性和防水、防潮效果，如图2-115所示。玻璃砖隔墙通常设计在室内住宅空间中的卫生间、厨房以及客厅等位置，多以局部的安装形式出现。玻璃砖隔墙隔声性、私密性优于玻璃隔墙，厚度薄于砖砌隔墙，因此很适合设计在小户型当中，作为主要的隔墙使用。玻璃砖隔墙的施工工艺虽然

图2-115　玻璃砖隔墙

并不复杂，但对施工技术要求较高，尤其是在保持玻璃砖隔墙均匀一致的缝隙厚度方面，需要格外注意。

玻璃砖隔墙施工流程概要如图2-116所示。

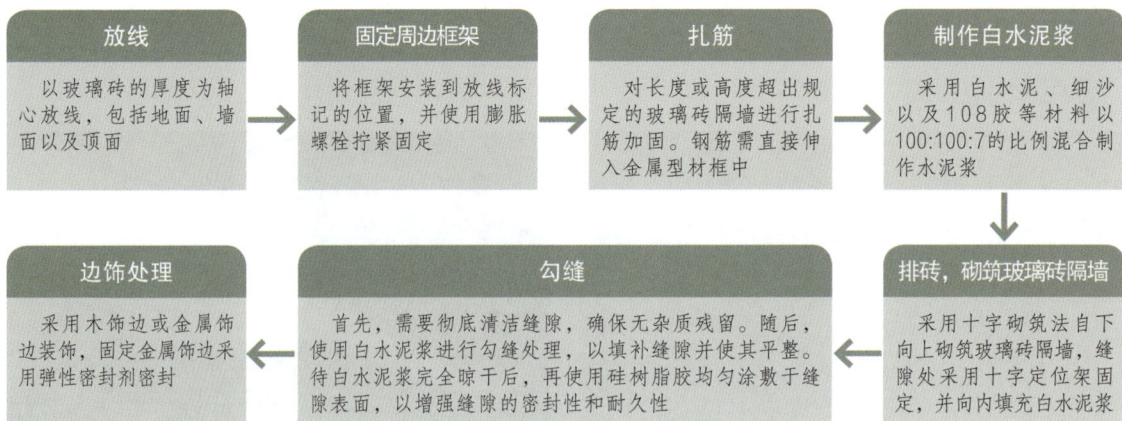

放线	固定周边框架	扎筋	制作白水泥浆
以玻璃砖的厚度为轴心放线，包括地面、墙面以及顶面	将框架安装到放线标记的位置，并使用膨胀螺栓拧紧固定	对长度或高度超出规定的玻璃砖隔墙进行扎筋加固。钢筋需直接伸入金属型材框中	采用白水泥、细沙以及108胶等材料以100:100:7的比例混合制作水泥浆

边饰处理	勾缝	排砖，砌筑玻璃砖隔墙
采用木饰边或金属饰边装饰，固定金属饰边采用弹性密封剂密封	首先，需要彻底清洁缝隙，确保无杂质残留。随后，使用白水泥浆进行勾缝处理，以填补缝隙并使其平整。待白水泥浆完全晾干后，再使用硅树脂胶均匀涂敷于缝隙表面，以增强缝隙的密封性和耐久性	采用十字砌筑法自下向上砌筑玻璃砖隔墙，缝隙处采用十字定位架固定，并向内填充白水泥浆

图2-116　玻璃砖隔墙施工流程概要

玻璃砖隔墙施工步骤详解如下。

步骤一：放线

按照设计图纸在地面弹线，以玻璃砖的厚度为轴心，弹出中心线。在玻璃砖的四周根据地面放线尺寸弹好墙身线。

步骤二：固定周边框架

（1）固定框架。将框架固定好，用素混凝土或垫木找平并控制好标高，骨架与结构连接牢固，同时做好防水层和保护层。

（2）安装膨胀螺栓。固定金属型材框用的镀锌钢膨胀螺栓直径不得小于8mm，膨胀螺栓之间的间距应小于500mm。

步骤三：扎筋

（1）超长、超高玻璃砖隔墙扎筋。当空心砖隔墙的高度尺寸超过规定时，应在垂直方向上每2层玻璃砖水平布置一根钢筋；当玻璃砖隔断的长度尺寸超出规定尺寸时，应在水平方向每3个缝垂直布置一根钢筋，如图2-117所示。

（2）钢筋伸入金属型材框。钢筋每端伸入金属型材框的尺寸不得小于35mm。用钢筋增强的室内玻璃砖隔墙的高度不得超过4m。

步骤四：制作白水泥浆

水泥砂浆用作砌筑玻璃砖隔墙，采用白水泥：细沙为1:1的比例制作白水泥浆，然后兑入108胶，白水泥浆：108胶的比例为100:7。白水泥浆要有一定的稠度，以不流淌为好。

图2-117　玻璃砖隔墙扎筋

步骤五：排砖，砌筑玻璃砖隔墙

（1）自下而上排砖砌筑。如图2-118所示，玻璃砖砌体采用十字缝立砖砌法，按照上、下层对缝的方式，自下而上砌筑。两个玻璃砖之间的砖缝不得小于10mm，且不得大于30mm。

（2）放置十字定位架。每层玻璃砖在砌筑之前，宜在玻璃砖上放置十字定位架，如图2-119所示，卡在玻璃砖的凹槽内。

图2-118　自下而上砌筑玻璃砖

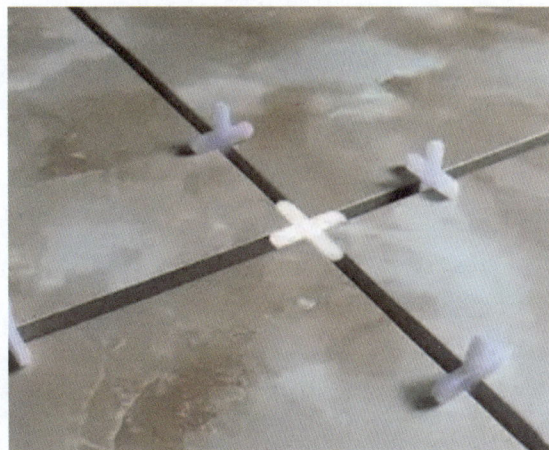

图2-119　放置十字定位架

（3）边砌筑边擦去水泥渍。砌筑时，将上层玻璃砖压在下层玻璃砖上，同时使玻璃砖的中间槽卡在定位架上，两层玻璃砖的间距为5～10mm，每砌一层后，用湿布将玻璃砖面上沾着的水泥渍擦去，如图2-120所示。

图2-120　擦去玻璃砖缝隙水泥渍

（4）每1500mm为一个施工段。玻璃砖墙宜以1500mm高为一个施工段，待下部施工段胶结料达到设计强度后再进行上部施工。

（5）顶部玻璃砖采用木楔固定。最上层的玻璃砖应伸入顶部的金属型材框的腹面之间用木楔固定。

步骤六：勾缝

（1）顺着横竖缝隙勾缝。玻璃砖砌筑完成后，立刻进行表面勾缝。勾缝要勾严，以保证砂浆饱满。先勾水平缝，再勾竖直缝，缝内要平滑，缝的深度要一致。

（2）擦洗表面，涂敷硅树脂胶。勾缝和抹缝之后，应用湿布或棉纱将表面擦洗干净，待勾缝砂浆达到强度后用硅树脂胶涂敷（图2-121）。也可采用矽胶注入玻璃砖间隙勾缝。

图2-121　玻璃砖缝隙勾缝

步骤七：边饰处理

对玻璃砖外框进行装饰处理，采用木饰边或不锈钢饰边装饰。当采用金属型材时，其与建筑墙体和屋顶的结合部，以及空心砖玻璃砌体与金属型材框翼端的结合部应用弹性密封剂密封，如图2-122所示。

图2-122　玻璃砖边饰处理

水电工程

装饰材料与施工工艺

情景引入

安全用电，刻不容缓——2025年3月26日，浙江金华市一辆新能源车的副驾驶位置突然冒出火光，火势迅速扩大烧着了车辆的前半部分。由于车门车窗紧闭，车内氧气消耗完后，火焰逐渐熄灭，并未造成人员伤亡，但车辆损失严重。经调查，车辆起火时处于充电状态，车内一根手机充电数据线插在USB口，在通电的情况下，发生短路，最终引发自燃。同样，2025年5月12日，嘉兴平湖市的沈先生准备开车出门，却发现有黑烟从车门缝隙冒出，他赶紧灭火，经查，自燃原因也是因为手机充电数据线短路导致。手机充电数据线短路还引发了房屋着火。2025年5月，温州市平阳县一出租屋发生火灾，大火被扑灭后，相关部门调查，起火原因是长时间未拔的手机充电数据线短路后引发的，所幸事发时屋内没有人员被困。通过这些案例我们可以知道，用电需要处处警惕，提高自身安全意识，以避免人员和财产损失。

学习目标

知识目标

1. 了解设计师与水电工程装饰材料和施工工艺的关系。
2. 了解水电施工图纸的由来，以及如何绘制的流程与思维。

能力目标

1. 掌握施工材料与专业的关系。
2. 掌握水电图纸绘制的方法。
3. 培养学生的逻辑思维能力。

思政目标

1. 掌握隐蔽工程的重要性。
2. 培养学生爱岗敬业、思维敏锐的职业精神。

任务3.1　室内水路材料与工艺

3.1.1　室内水路管道材料

室内排水系统的基本要求是：能迅速、通畅地将废（污）水排到室外；排水管道系统气压稳定，有毒有害气体不进入室内，保持室内环境卫生；管线布置合理，简短顺直，工程造价低。

3.1.1.1　管道材料

根据污水性质的成分、铺设地点、条件及对管道的特殊要求决定，主要有排水铸铁管和硬聚氯乙烯（UPVC）管等。

（1）排水铸铁管。目前多用于室内排水系统的排出管及室外管道，如图3-1和图3-2所示。

（2）UPVC管。主要优点是具有优良的化学稳定性、耐腐蚀性，物理性能好，质轻，管壁光滑，水头损失小，容易加工及施工方便等。缺点是质地较脆，在高温下容易老化，污水温度不应高于40℃，如图3-3所示。

图3-1　普通排水铸铁管　　　　图3-2　柔性排水铸铁管　　　　图3-3　UPVC管

3.1.1.2　卫生器具

卫生器具是室内排水系统的起点，接纳各种污水后排入管网系统。

（1）便溺用卫生器具：包括坐便器、蹲便器、大便槽、小便槽等，如图3-4所示。

图3-4　便溺用卫生器具

（2）盥洗沐浴用卫生器具：包括洗脸盆、盥洗槽、浴盆、淋浴器等，如图3-5所示。

（3）洗涤用卫生器具：包括洗涤盆、污水盆等，如图3-6所示。

（4）专用卫生器具：包括马桶洁具等，如图3-7所示。

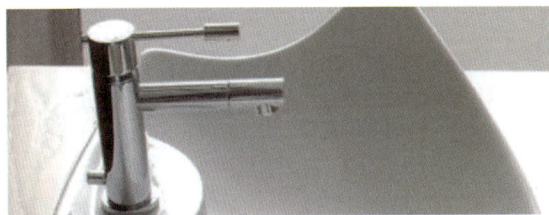

图3-5　盥洗用卫生器具

图3-6　洗涤用卫生器具

图3-7　专用卫生器具

（5）地漏：主要用于排除地面积水。应设在地面最低、易于溅水的卫生器具附近。不宜设在水支管顶端，以防止卫生器具排放的固体杂物在卫生器具和地漏之间横支管内沉淀，如图3-8所示。

图3-8　地漏

3.1.2　室内给排水材料分类

3.1.2.1　按用途分类

室内给排水材料按用途可分为管件类（含管件等）、阀类、各种型材类、防腐保温材料类等，各种型材类又可分为金属型材和塑制型材。

3.1.2.2　按材质分类

室内给排水材料按材质可分为金属类、塑料制品类和非金属类。金属类材料包括金属管材、金属阀门、金属型材、金属五金材料等；塑料制品类材料包括塑料制管材、塑料阀门、塑料制型材等；非金属类材料包括陶瓷制品、水泥制品、玻璃制品、石膏制品等。

（1）塑料管。塑料管是合成树脂加添加剂经熔融成型加工而成的制品。塑料管外形光滑，无不良气味，加工便捷，化学稳定性好，不受环境因素和管道内介质成分的影响，密度小，材质轻，运输和安装方便。其缺点是刚性差，平直性也差，阻燃性差（大多数塑料制品可燃）。塑料管如图3-9所示。

（2）金属管。金属管包括钢管、铸铁管、铜管和不锈钢管。钢管可分为焊接钢管和无缝钢管，分别如图3-10和图3-11所示。焊接钢管和无缝钢管均有镀锌的管材，镀锌工艺有冷镀和热镀两种。其优点是强度高，承受力压力大，抗震性能好；缺点是耐腐蚀性能

图3-9 塑料管

图3-10 焊接钢管

图3-11 无缝钢管

差。消防给水系统常采用外壁热镀锌钢管。从耐腐蚀的角度，热镀锌钢管比冷镀锌钢管和不镀锌钢管更耐腐蚀，如图3-12所示。

铸铁管按材质分为灰铁管和球铁管（如图3-13和图3-14），按工艺分为连续铸造铸铁管和离心铸造铸铁管。给水铸铁管与钢管相比，优点是不易腐蚀，造价低，耐久性好；缺点是较脆，重量大，在管径大于75mm的给水埋地管中广泛应用。

图3-12 镀锌钢管

图3-13 灰铁管

图3-14 球铁管

铜管分裸铜管和塑覆铜管，其优点是经久耐用，力学性能好，为可持续发展绿色建材；缺点是造价较高，保温性差。

不锈钢管的优点是耐腐蚀，耐高温，耐酸性强，耐热性能高，抗高温氧化；缺点是成本较高，不耐碱。

焊接紫铜管如图3-15所示，不锈钢管如图3-16所示。

（3）PVC管。聚氯乙烯（PVC）排水管与给水管都是使用PVC作为主要原料的管材，但它们在用途和某些特性上有所不同。

PVC排水管常用的规格主要以公称外径为主，如32mm、40mm、50mm等多种尺寸（图3-17）。

图3-15 焊接紫铜管

图3-16 不锈钢管

图3-17 PVC排水管

PVC给水管同样是以卫生级PVC树脂为主要原料，通过挤出、冷却定型、检验、包装等工序生产出的一种给水用管材（图3-18）。它的压力表示方式为公称压力，用MPa表示，比如0.6MPa、0.8MPa、1.0MPa等。给水管材的每个压力区的最小口径也有规定，例如0.6MPa管材的最小口径为63mm，1.6MPa管材的最小口径则为20mm和25mm等。PVC给水管具有质轻、耐腐蚀性优良、流体阻力小、机械强度大、施工简易、造价低廉、无二次污染、符合卫生要求等特性。

图3-18　PVC给水管

总的来说，PVC排水管和给水管在制造原料和工艺上相似，但在用途、压力等级和规格等方面存在差异。在实际使用中，需要根据具体的应用场景和需要来选择适合的管材。

3.1.3　室内冷热水管道安装施工工艺与构造

3.1.3.1　冷热水供应系统的分类

冷热水供应系统按照范围大小可分为集中冷热水供应系统和局部冷热水供应系统。集中冷热水供应系统供水范围大，冷热水集中制备，用管道输送到各配水点，一般适用于使用要求高、耗热量大、用水点分布密集、用水的延续性好、条件充分的场合，可用于为建筑物供应冷热水。局部冷热水供应系统只有一个或几个用水点，冷热水分散制备，一般靠近用水点设置小型加热设备，热源可以是太阳能热水器、电加热器、煤气加热器和炉灶等。

3.1.3.2　冷热水供水管道的种类

（1）镀锌管。常用于煤气管道和暖气管道，作为水管使用几年后，管内会产生大量锈垢且容易滋生细菌，锈蚀造成水中重金属含量过高，危害人体健康，如图3-19所示。

（2）UPVC管。UPVC管是一种塑料管，接口处一般用胶粘接，抗冻和耐热能力差，所以不能用作热水管，由于强度不能满足水管的承压要求，所以冷水管也很少使用。大部分情况下，UPVC管适用于电线管道和排污管道，如图3-20所示。

（3）PPR管。PPR管是以聚丙烯为基料，经改性处理后制成的，具有更好的力学性能和更高的拉伸屈服强度及抗冲性能，是热水输送管的极佳选择。它无毒，卫生，安装方便，耐化学品性能佳，具有良好的热熔连接性能，解决了长期困扰给水行业的管道连接处漏水问题，因此应用广泛，如图3-21所示。

图3-19　镀锌管

图3-20　UPVC管

图3-21　PPR管

（4）铝塑管。铝塑管是市面上较为流行的一种管材，价格适中，质轻，耐用且施工方便，可弯曲。目前在室内燃气管道应用量逐年增加，是一种新型化学管材。缺点是易老化，采用卡套式连接，作为热水管道，经过热胀冷缩，接口处易出现渗漏，如图3-22所示。

（5）铜管。随着镀锌管在饮水管道中被禁止使用，铜管、三型聚丙烯（PVR）管、覆铝塑管等一批新型管材开始广泛应用。铜管作为世界上最古老的供水管道，以其经久耐用、卫生安全等性能成为家庭供水、供暖的常用材料，如图3-23所示。

图3-22 铝塑管

图3-23 铜管

根据经验，冷热水的耗量小于70000kcal/h（1kcal=4.18kJ），适合采用局部供热系统，供给单个厨房、浴室、单元式住宅等。室内住宅常用热水器，热水器安装节点详图如图3-24所示。

热水器安装施工说明如下。

①排烟孔开孔直径需预留80mm，且开孔要内高外低，燃气热水器正上方和排气管通过的地方不要有障碍物，尤其是电线明管、燃气管道和冷热水管。

②燃气热水器背面不能有水管或电源线通过，如果一定要通过，禁止在热水器中心轴左后各70mm范围内通过，防止热水器固定时打破管线。禁止燃气管道从热水器背面通过。

③燃气热水器的烟道要有一定的角度，机器处高，洞口低，倾斜度在5°左右。热水器尽可能与燃气灶、煤气表不在同一面墙体上。

④电源插座可根据燃气管道走向最终确定其位置，但必须与燃气管道和热水器的水平及垂直安全距离不小于150mm，本机电源线配置长度为1.2m。

⑤燃气热水器进出水口的预留位置需与墙面相平。热水器主机周围需预留不少于50mm的间距，保证氧气的供应，正前方需600mm的间距，以便于检修。

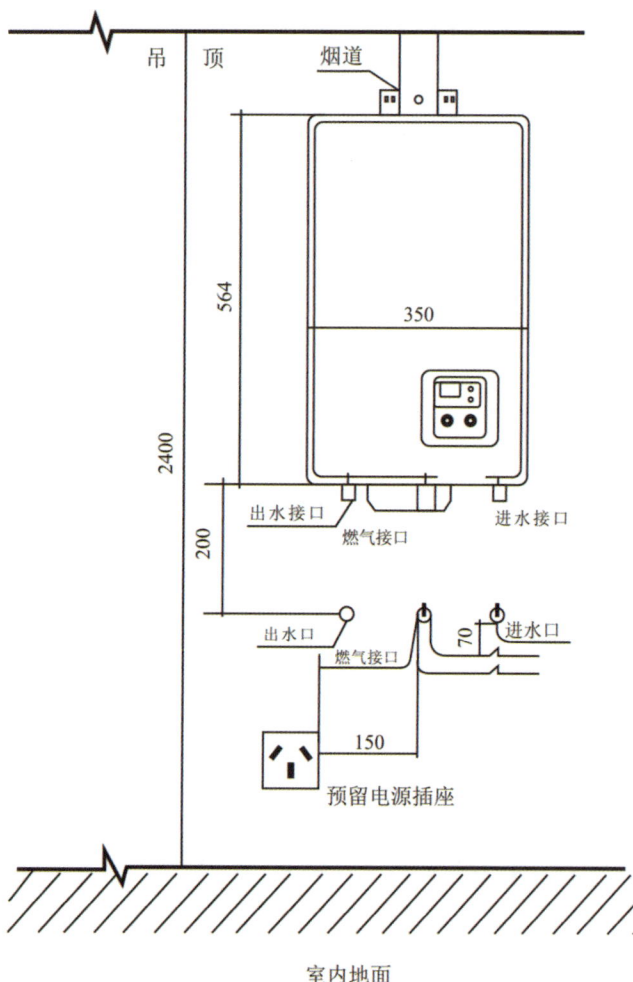

图3-24 燃气热水器安装节点详图

⑥安装燃气热水器时应使其排气不会受到换气扇和炉灶通风罩等排出的气流的影响，否则可能会导致不完全燃烧。

3.1.3.3 冷热水供应系统的组成和加热设备、管道布置与铺设

（1）冷热水供应系统的组成

①冷热水供应系统主要由热源、水加热器、热媒管网三部分组成。由锅炉产生的蒸汽（或高温热水）通过热媒管网送到水加热器加热冷水，经过热交换，蒸汽变成冷凝水，靠

余压经疏水器流到冷凝水池，冷凝水和新补充的软化水经冷凝循环泵再送回锅炉加热为蒸汽，如此循环完成热的传递作用。对于区域性热水系统，不需要设置锅炉，水加热器的热媒管道和冷凝水管道直接与热力网连接。

②热水管网由热水配水管网和热水回水管网组成。冷热水供应系统附件包括蒸汽和热水的控制附件、管道的连接附件、温度自动调节器、减压阀、安全阀、膨胀罐、疏水器、管道补偿器等。

（2）冷热水供应系统的加热设备

①在冷热水供应系统中起加热并起储存作用的设备有容积式水加热器和加热水箱。仅起加热作用的设备为快速式水加热器，仅起储存热水作用的设备是储水器。

②水的加热设备是将冷水制备成热水的装置，主要有热水锅炉、直接加热水箱、水加热器等。

（3）冷热水供应系统管道布置与铺设

①室内冷热水管道的布置要求在满足使用（水压、水量、水温）的情况下，力求管线最短、便于维修等，除满足冷水管网的布置与铺设要求外，还应注意由水温带来的体积膨胀、管道伸缩补偿、保温和排水等问题。

②管道铺设应横平竖直，同一直线段上的管道不得有接头。暗敷的排水管道需采用硬质管材，严禁使用软管。

③管卡设置要求：管卡安装必须牢固，距转角、仪表、龙头、管道终端约100mm处均需设置管卡，管卡布置均匀，间距不得大于800mm。

④冷热水管道平行安装，左热右冷，上热下冷，如图3-25所示。

⑤给水管安装就绪后需要做通水试验和增压试验。冷水管试验压力为0.6MPa，热水管试验压力为0.8MPa。恒压10min后压力下降不应大于0.02MPa，恒压1h后压力下降不大于0.05MPa。进行压力试验时，冷热水管应连通。

（4）冷热水管线布置应满足的要求

①一般宜明设，如建筑或工艺有特殊要求可暗设，但应便于安装和检修。明装管道尽可能布置在卫生间、厨房，铺设一般与冷水管平行。

②热水管道穿越建筑物顶棚、楼板和基础时应加套管，以防管道胀缩时损坏建筑物结构和管道设备。

图3-25 冷热水管道平行安装

③冷热水系统的横管应有不小于0.003的坡度，以便放气和泄气。

④对于上行下给式系统，只需将循环管道与各立管连接。

⑤水加热器或储水器的冷水供水管上应装设止回阀，以防止水倒流或串流。

（5）冷热水管区分方法

①冷水管的耐受压力是1.0MPa或1.6MPa，热水管的耐受压力是1.6MPa或2.0MPa。

②因为冷水管与热水管要求的耐受压力不同，因此壁厚不同，价格也不同。热水管的管壁要比冷水管的管壁厚，价格要高，因此将热水管当冷水管用在经济上是不划算的。

③冷水管与热水管的受压能力不同，如果把冷水管用作工作压力较大的热水管容易造成管壁破裂。

④PPR冷水管一般用作自来水管，热水管一般用作暖气连接管，也可用于热水器的热水管路。

⑤热水管上标志有红线，冷水管上标志有蓝线，并且有文字标识，也有耐受压力标志。另外，如果是同种规格的管，比较壁厚也能区分冷热水管。

⑥冷水管最高耐温不能超过90℃，否则长期在热水状态下工作会很快老化、开裂，且热水管价格高于冷水管。

（6）卫生间冷热水管安装准备工作

①首先在冷热水管的接口、出口处需保持平行，一般习惯都是左边为热水管，右边为冷水管，管线的线路设计尽量不要弯曲，尽可能远离电路。

②冷水管和热水管之间不能太过于接近。

③卫生间有冷热水管，在施工前要画好图纸。

④关于管卡的位置坡度，为了方便日后的使用和维护，每个阀门都要安装平整。

（7）卫生间冷热水管安装步骤

①设计好管道平面布置的图纸，在确定符合要求后开始铺设管道。

②找到冷热水管的总阀门并将其关闭，将冷热水管道入口都连接到一个总阀门上，这样方便整体管理。

③将管道按照预定图纸平摆好，然后把相应的水管接到相应的管道。冷热水管安装如图3-26和图3-27所示。

图3-26　冷热水管安装1

图3-27　冷热水管安装2

（8）冷热水供应系统要做好保护措施。冷热水供应系统对管道、附件等的要求高，因为在冷热水输送过程中水的保温、热水引起的管道膨胀等问题都会对管道产生影响，要解决这一系列问题，就需要相应的保护措施。

任务3.2　室内电路材料与工艺

电路改造1　电路改造2

3.2.1　强电电路图的基本常识

强电通常是指电力系统中的电，比如220V的照明电、1000V的工业用电等。强电的

特点是电压高、频率低、电流大，常用于驱动大功率的电力设备。强电系统包括城市居民供电系统、照明系统等供配电系统，如动力线、高压线，以及室内照明灯具、电热水器、取暖器、冰箱、空调、插座、电视机、音响设备等强电电气设备。从电压等级上划分，强电一般是指110V以上，220V和380V是最常用的，而弱电一般是指60V以下。

空气开关，也叫空气开关断路器，是一种只要电路中电流超过额定电流就会自动断开的开关。它不仅能使电路接触和分断，还能对电路或电气设备发生的短路、严重过载及欠电压等进行保护。如图3-28所示，1P、2P、3P、4P在系统图中代表空气开关的极位。

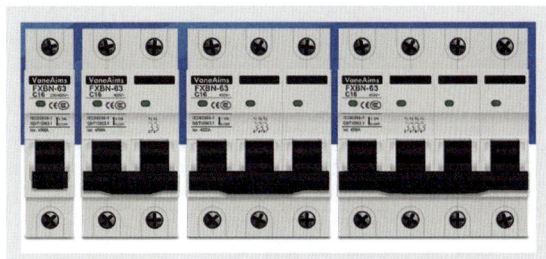

图3-28　1P、2P、3P、4P空气开关断路器

3.2.1.1　开关灯具布置图识图

（1）图例解读。某开关灯具图例说明如表3-1所示。

表3-1　某开关灯具图例说明

图例	说明	图例	说明
－ － －	LED灯带：36W	⊕	射灯：13W
⊕	筒灯：13W	▦	格栅灯（600mm×1200mm）
⊙⊙	斗胆射灯：70W	⊕	LED明装筒灯：13W（单插式单管）
⊠	出风口	⊕	高顶吊灯
▮	T8光管：36W	▥	回风口
⊕	射灯	──	T5灯管
▦	天花式排气扇	⌇	单联三位开关（距地1.4m）
⌇	单联二位开关（距地1.4m）	⌇	单联单位开关（距地1.4m）
⌇	双联单位开关（距地1.4m）	⌇	双联双位开关（距地1.4m）
◣	配电箱（距地0.8m）		

（2）实例图示。图3-29所示为某家居灯具布置，通过识别图上开关、灯具的图例了解不同位置安装不同种类和数量的开关与灯具，并将开关与之对应被控制的灯具进行连线。

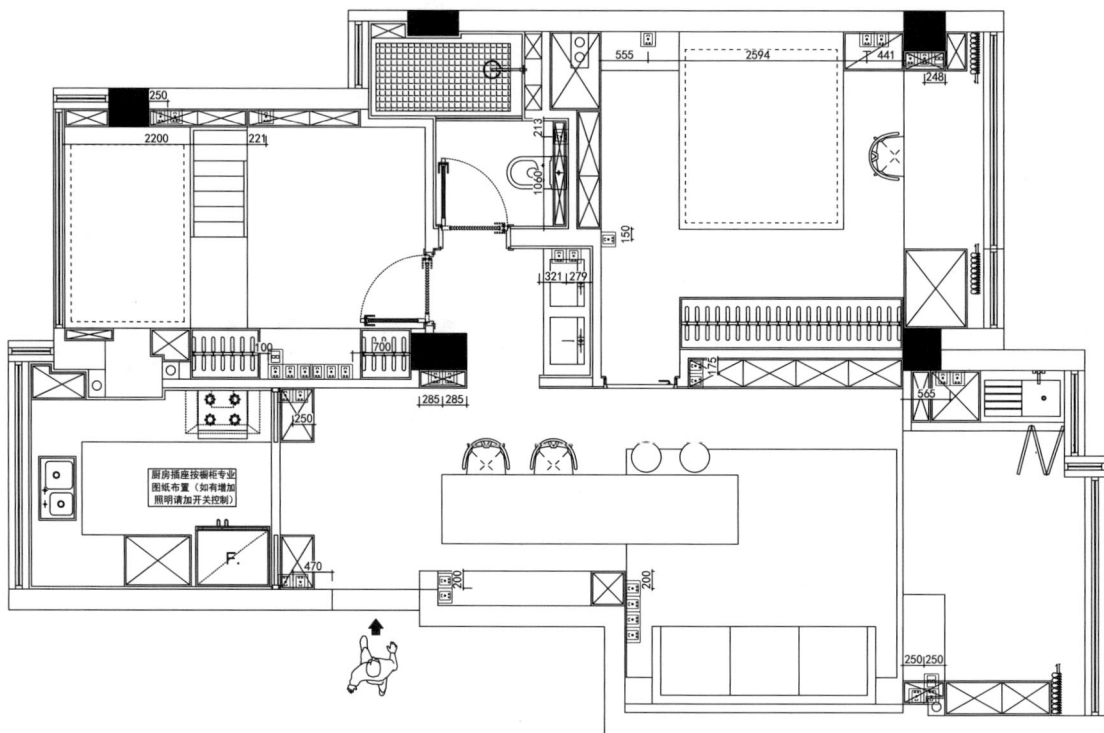

图3-29 某家居灯具布置

3.2.1.2 强电插座布置图识图

（1）图例解读。某强电插座图例说明如表3-2所示。

（2）实例图示。通过识别图上不同插座的图例了解每个插座的安装位置、数量和种类，包括配电箱的数量、位置和金属线槽的位置、长度等。

3.2.2 室内强弱电施工常用材料

3.2.2.1 电线

电线根据铺设条件的不同，可选用一般塑料绝缘电缆、钢带铠装电缆、钢丝铠装电缆、防腐电缆等。一般家庭常用的电线规格是 $1.5mm^2$、$2.5mm^2$、$4mm^2$、$6mm^2$，如图3-30所示。

表3-2 某强电插座图例说明

图例	说明	图例	说明
⛱	SP单相10A二三极备用插座	▯	SS空气开关，距地1.5m
B	JB带空气开关接线盒	♪	灯开关
C	JB接线箱出线留1.5m或单相10A三极插座	◤	动力配电箱（距地0.8m）
D	JB带15～30A接线端子接线箱	⊕	AP点位置
◪	插座，86型五孔万用面板	◪	地插盒，内86型五孔万用面板

注：1. 图上所有未标示高度的插座，一律为H=300mm（盖板中心至地坪完成面）。
  2. 同点有2组以上插座时，其盖板间隔一律为15mm。
  3. 所有电源插座一律为接地型。

（1）电话线。电话线是配合电话机使用的，由铜芯线构成，芯数决定可接电话分机的数量，常见的规格有二芯和四芯。家庭装修中一般使用二芯电话线，若需要连接传真机，可选用四芯电话线。电话线可以用网线来代替，现在有一些家庭电话是通过网线连接的，如图3-31所示。

（2）电视线。用于传输电视信号的线目前主要有有线电视同轴电缆和数字电视同轴电缆两种，有线电视同轴电缆采用双屏蔽电缆，用于传输数字电视信号时会有一定的损耗。数字电视同轴电缆采用的是四屏蔽电缆，既能传输数字电视信号，也能传输有线电视信号，如图3-32所示。在抗干扰性方面，四屏蔽电缆优于双屏蔽电缆，用美工刀把它们解剖开就能够比较出来。新房装修建议采用数字电视同轴电缆。

图3-30　电线

图3-31　电话线

图3-32　电视线

（3）网线。网线主要有双绞线、同轴电缆、光缆三种。

①双绞线。双绞线是由多对相互绝缘的铜导线按一定密度互相绞在一起组成的数据传输线，主要分为STP（屏蔽双绞线）和UTP（非屏蔽双绞线）两种。

STP内部包含一层金属隔离膜，这层金属隔离膜在数据传输过程中可以有效地减少电磁干扰，从而提高信号的稳定性和传输质量。因此，STP通常用于对传输稳定性要求较高的场合。

相比之下，UTP没有金属隔离膜，因此其抗电磁干扰的能力较弱，稳定性可能稍逊于STP。然而，UTP具有价格便宜、易于安装和维护等优势，因此在许多普通网络环境中得到了广泛应用。

网线通常指的是用于网络连接的双绞线（图3-33），其中既包括STP也包括UTP。网线没有金属膜这一说法并不准确，因为网线可以是STP也可以是UTP。如果是UTP网线，那么它确实没有金属隔离膜，价格相对便宜；而如果是STP网线，则它包含金属隔离膜，以提高传输稳定性。

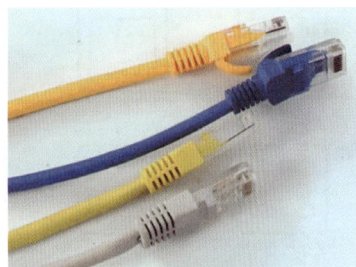

图3-33　网线

综上所述，双绞线分为STP和UTP两种，它们各有优缺点，应根据具体应用场景和需求来选择合适的类型。同时，网线的稳定性和价格也会因其是STP还是UTP而有所不同。

②同轴电缆。同轴电缆是由一层层的绝缘线包裹着中央铜导体的电缆线。它的特点是抗干扰能力好，传输数据稳定，价格便宜，同样被广泛使用。

③光缆。光缆是目前最先进的网线，由许多根细如发丝的玻璃纤维外加绝缘套组成。由于靠光波传送，它的特点就是抗电磁干扰性极好，保密性强，传输速度快，传输容量大等。

（4）影音线。影音线是用于实现音乐、视频的传输的线路，主要有音响线、音频线和音视频线，如图3-34所示。音响线通俗的叫法是喇叭线，主要用于客厅里家庭影

图3-34　影音线

院中功率放大器和音箱之间的连接。音频线用于把客厅里家庭影院中激光CD机、DVD等的输出信号，送到背景音乐功率放大器的信号输入端子，主要用于家庭视听系统。音视频线

主要用于连接和传输音频和视频，由音频线和视频线组成。

3.2.2.2 线管

电路施工有明装与暗装两种方式。电线必须采用穿管的方式来铺设。电线穿管的目的是保护电线，延长电线使用寿命，同时方便日后维修。线管又叫电线套管、电线护套线，主要分为PVC管与镀锌钢管两种类型，常见尺寸有16mm、20mm、25mm、30mm、40mm、50mm。

（1）PVC管。在家庭装修中最常采用的线管是PVC管，如图3-35所示PVC管配管方便，可暗埋也可以明装，具有很好的绝缘性和抗压、抗腐蚀性，物理性质稳定。PVC穿线管主要有以下几点作用：一是保护电线；二是可以加大电线的负荷，让电线散热，延长电线的老化程度；三是维修简便，不是重大问题不用打墙；四是发生电气火灾时好的线管可以减少破坏损失。

（2）镀锌钢管。镀锌钢管如图3-36所示，镀锌钢管运用在电路中，是利用了其柔软性、反复弯曲性、耐腐蚀性和耐高温性等特性。

图3-35 PVC管

图3-36 镀锌钢管

3.2.2.3 开关、插座

常见开关、插座种类如图3-37和图3-38所示。

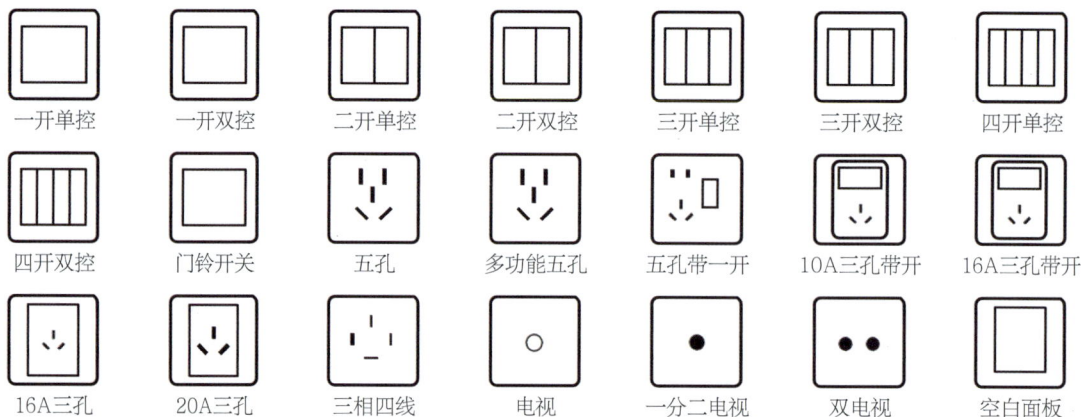

一开单控　一开双控　二开单控　二开双控　三开单控　三开双控　四开单控

四开双控　门铃开关　五孔　多功能五孔　五孔带一开　10A三孔带开　16A三孔带开

16A三孔　20A三孔　三相四线　电视　一分二电视　双电视　空白面板

图3-37 常见开关、插座种类

（1）开关的种类

①按照用途分类：包括波动开关、波段开关、录放开关、电源开关、预选开关、限位开关、控制开关、转换开关、隔离开关、行程开关、墙壁开关和智能防火开关等。

②按照结构分类：包括微动开关、船形开关、钮子开关、拨动开关、按钮开关、按键开关、薄膜开关和点开关等。

③按照接触类型分类：可分为a型触点开关、b型触点开关和c型触点开关三种。接触类型是指"操作（按下）

图3-38 常见开关、插座

开关后，触点闭合"这种操作状况和触点状态的关系。需要根据用途选择合适接触类型的开关。

④按照开关数分类：包括单控开关、双控开关、多控开关、调光开关、调速开关、门铃开关、感应开关、触摸开关、遥控开关、智能开关、插卡取电开关和浴霸专用开关等。

（2）插座的种类

插座的种类根据功能、结构及安全性能可分为以下类型，应结合应用场景选型。

①电源插座：具有与插头的插销插合的插套，并且装有用于连接软电缆的端子的电器附件。

②固定式插座：与固定布线连接的插座。

③移动式插座：连接到软电缆上或与软电缆构成整体，而且在与电源连接时易于从一地移到另一地的插座。

④多位插座：两个或多个插座的组合体。

⑤器具插座：预计装在电器中或固定到电器上的插座。

⑥可拆线插头或可拆线移动式插座：结构上能更换软电缆的电器附件。

⑦不可拆线插头或不可拆线移动式插座：由电器附件制造厂进行连接和组装后，在结构上与软电缆形成一个整体的电器附件。

（3）选购开关、插座的方法

①选择开关、插座时，首先要选择其外壳材质，材质的质量决定开关、插座的质量。市场上好的开关产品一般选用PC料。PC料又叫防弹胶，抗冲击，耐高温，不易变色，这些特性对于控制电器的开关来说很重要。一般来说PC料质量是比较好的，其次是电玉粉和ABS塑料材质。

触点材料主要有银镍合金、银镉合金和纯银三种。银镍合金是目前比较理想的触点材料，其导电性能和硬度比较好，也不容易氧化生锈。

②在选择开关、插座时还要关注产品的表面是否光滑，有没有毛刺，一般质量比较好的产品，其制作工艺也比较精细。若产品的外观做工比较粗糙，并且几乎没有质感，是肯定不能选购的。

③一般质量比较好的电器或者有关电的设备都会有3C认证证书，在选购开关、插座时一定要查看商家能否提供这个认证证书。如果可以提供，则表明开关插座的质量可以，如果不行，则不能购买。

④在选择开关、插座时，还可以用手摸一下开关、插座的表面，如果摸起来比较顺滑，则说明其质量是比较好的。

⑤在挑选开关、插座时，还可以通过重量对比来选择质量好的产品。一般质量比较好的产品，其载流件常使用锡磷青铜，抗疲劳强度高，耐腐蚀性、抗氧化性出色，长期使用也不会出现表面被氧化、变色的情况，如图3-39所示。

⑥现在的开关主要是大翘板式的，外观和手感都比以前拇指式的

图3-39　锡磷青铜载流件

要好。大翘板式开关很大程度减少了手与面板缝隙之间的接触，预防了因手部潮湿造成的意外触电事件。

3.2.2.4 其他电路改造材料与配件

其他电路改造材料与配件如表3-3所示。

表3-3 其他电路改造材料与配件

名称	图示	用途
家电配电箱（固定面板式）	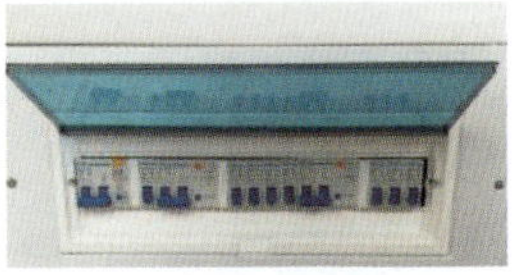	固定面板式开关柜，常称开关板或配电屏。防护等级较低，适合家电和小型办公用
连接配件	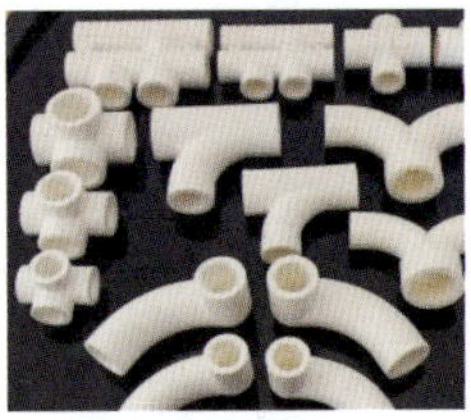	连接配件接头，较多使用图示的种类，如锁扣锁母、接头、直通、弯头、管卡、三通、线盒等
绝缘胶布		绝缘胶布是一种电工类耗材，又称电工胶布，用于包扎裸露的线头或金属，使之达到绝缘的效果，避免意外触电或短路
PVC 胶黏剂		PVC胶黏剂具有操作简单、黏结强度高、密封性能好、耐寒热、耐介质性强等优点，主要用于建筑电气导线管以及农业灌溉、工业排污等工程使用的PVC管材管件黏结
网络交换机		交换机(switch)意为"开关"，是一种用于电（光）信号转发的网络设备。它可以为接入交换机的任意两个网络节点提供独享的电信号通路。最常见的交换机是以太网交换机。其他常见的还有电话语音交换机、光纤交换机等
水晶头	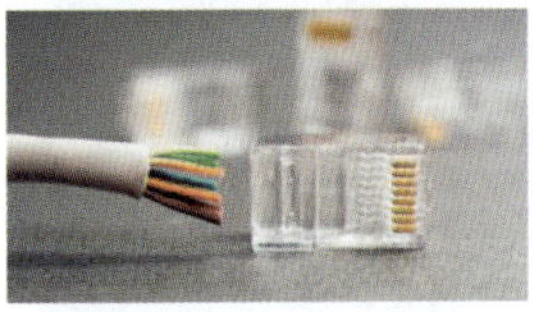	水晶头（Registered Jack，RJ），是一种标准化的电信网络接口，它不仅提供声音传输接口，同时也提供数据传输接口
网络配线架		配线架是管理子系统中最重要的组件，是实现垂直干线和水平布线两个子系统交叉连接的枢纽。配线架通常安装在机柜或墙上
路由器		路由器（router）是连接两个或多个网络的硬件设备，在网络间起网关的作用，是读取每一个数据包中的地址，然后决定如何传送的专用智能性的网络设备

3.2.3　室内强弱电安装施工工艺与构造

电路改造施工分为以下几个程序。

3.2.3.1　工具、材料准备

在铺设电路之前，需要根据电路布置图进行现场画线定位。常用的工具有钢卷尺、激光水平仪、墨斗画线器、水平尺等。

3.2.3.2　技术交底

在进行电路管线开槽施工前，设计师需要把绘制好的电路布局线图纸带到施工现场，与业主、项目经理、监理三方和电路施工员进行技术交底。以下是技术交底的内容。

（1）介绍工程项目施工方案，侧重于质量、进度、安全、工期等方面内容。

（2）根据图纸讲解重点工序施工要点、难点，具体工艺流程，工程涉及的材料使用、设备安装、机具使用相关介绍，并根据强弱电电路图归纳出电器功能的分组分类。

（3）安全施工有关常识，防护装置的使用与配备等。

（4）填写技术交底文件并签名确认。

3.2.3.3　测量定位

施工员根据电路布线图纸和技术交底文件要求，利用钢卷尺进行精细测量，用木工铅笔或有色粉笔在墙面上确定管线的走向、标高、开关、插座、灯具、空调等的位置，并做好标示，如图3-40所示，主要流程如下。

（1）明确用电设备与开关、插座的数量、尺寸及安装位置，避免影响施工进度，以免出现电器使用问题。

（2）配合适当的文字标注，注意避开电路开槽位置。

（3）明确开关、插座类型，是单双控，还是多控；插座是单相，还是三相。

（4）明确电路布管引线的走向与分布。

图3-40　现场定位标示

3.2.3.4　画线

施工员根据图纸设计要求，利用钢卷尺先确定标高，就是0点坐标，然后用激光水平仪沿同一高度的位置投射光影定位，如图3-41所示。再用墨斗画线器弹线绘制出开槽线，开槽线必须遵循"横平竖直"的原则，如图3-42所示。另外，还要确保地基与墙基

图3-41　测量定位

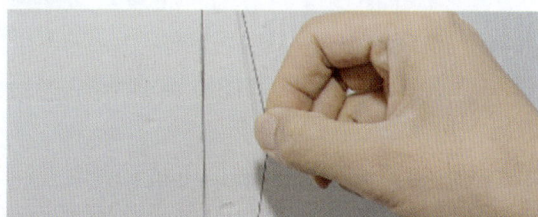

图3-42　墨斗弹线

开槽位置贯通。在绘制地面基层开槽线时不能用木工铅笔或彩色粉笔代替，因为地面人员走动频繁，灰尘较多，开槽线容易被摩擦掉，影响施工效果。

弹线的目的是确定电路的走向和终端插座、开关面板的位置，需要在地面和墙面标示出明确的尺寸和位置。

3.2.3.5 管线开槽

在室内装饰中，电管线布设施工常用的工具有开槽机、云石切割机、电锤、冲击电钻等。若设计了中央空调，可由专业公司先安装中央空调，预留出足够长的电线，安装后做好防尘保护措施。线路开槽时遵循的原则是先墙面开槽，再地面开槽。具体流程如下。

（1）施工员开槽前，需戴好防尘面罩。

（2）核对图纸与现场标记一致后，施工员按规范要求进行电线开槽施工。

（3）根据现场画线的走向和位置，使用电动切割机沿墙面基层标记处进行切割，如图3-43所示。

（4）用电锤剔槽凿出管槽和底盒的位置，把开好的线槽两边打毛，便于封槽咬合，如图3-44和图3-45所示。

图3-43　线槽切割

图3-44　电锤开槽

在开槽时应注意以下施工要点。

（1）使用云石切割机或开槽机切割时，必须横平竖直，应从上到下、从左到右切割。

（2）由于切割时灰尘过大，在切割的同时可在切割位置加入少量水，但要控制好水量，边浇水边开槽，可以有效降噪、除尘和防止墙面破裂。

（3）开槽深度一般为PVC管线或者镀锌钢管直径加10mm，底盒深度在10mm以上。

图3-45　线槽未打毛

（4）地面开槽，如图3-46所示，主要是针对有垫层的房子，没有垫层的楼板不适合进行开槽。

（5）横向开槽不超过50cm，否则开槽的隔断主筋会破坏楼梯结构，严重影响结构安全，降低楼梯抗震等级，如图3-47所示。

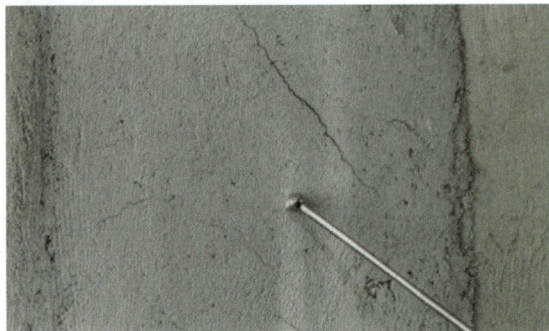

图3-46　地面开槽

图3-47　超长横向开槽

3.2.3.6　布设管线

（1）常用工具。室内装饰中的电管线布设施工常用的工具有螺丝刀、电工钳、电锤、管钳、玻璃胶、冲击电钻、云石切割机、电笔、PPR热熔焊机等。

（2）常用材料。在室内装饰中，电管线布设施工常用的材料有PVC管、镀锌穿线管、电线、连接配件、绝缘胶布、PVC胶黏剂等。

3.2.3.7　固定插座底盒

（1）如果有原有底盒的，应该挖掉后才能批补，防止墙体周边开裂，如图3-48所示。

（2）在布设管线前，预埋底盒时需要进行洒水处理，如图3-49所示。目的是清理掉杂物，同时增加水泥砂浆与墙体的黏结力，固定底盒的同时防止以后槽内水泥砂浆脱落和开裂。

图3-48　原有底盒挖掉

图3-49　洒水处理

（3）固定底盒时，使用水平尺校正，确保底盒水平端正。要求多个底盒之间水平安装，高低一致，间隙为0.8～1cm。另外安装时注意两个螺栓孔一定要在左右两侧，否则无法安装开关或查询线路，如图3-50所示。

图3-50　固定底盒

（4）开关、插座的安装位置如图3-51所示。其中，空调、冰箱、热水器应设置专线插座，不宜与其他电器混用，因为过流相对较大。

①一般住宅开关应距离地面1.2～1.4m。

②插座距离地面0.2～0.3m。

③室内吊灯灯具开关安装高度一般应大于2.5m，受条件限制可减至2.2m。

图3-51 开关、插座的安装位置

④户外照明灯具开关安装高度一般不低于3m，户外墙上灯具开关安装高度应不低于2.5m。

⑤挂机空调插座安装高度为1.8～2.0m。

⑥厨房插座安装高度不低于1.5m，卫生间插座安装高度不低于1.8m。

⑦其他开关安装高度，根据具体身高和使用舒适度来调整。

3.2.3.8 配管布线

（1）布管。地面铺设线管，需要测量好线管的长度与位置，暗盒和线槽应独立计算，所有线槽按开槽起点到线槽终点测量，如果放两根以上线管的线槽宽度，应按两倍以上来计算长度。此外还需要对管材进行相应的处理，做好布管前的准备。

在布管线的过程中需要注意以下几点。

①底盒与线管需要使用锁紧螺母和护口连接固定，如图3-52所示。

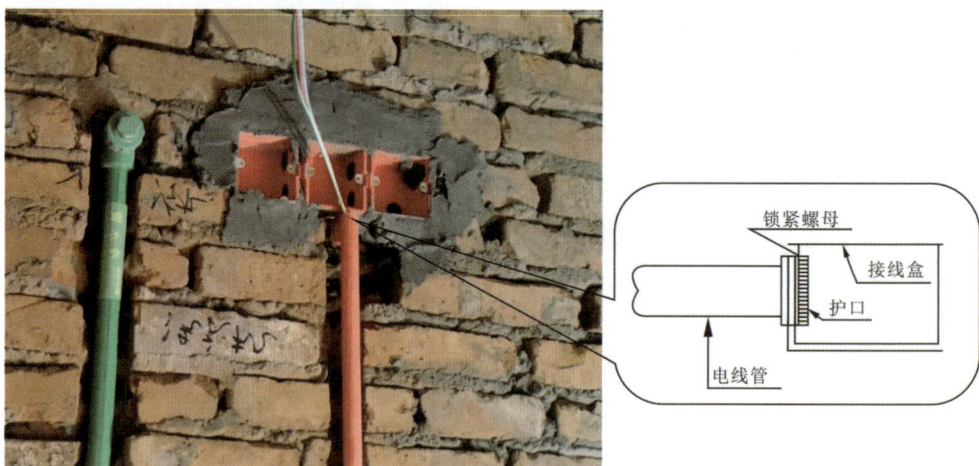

图3-52 使用锁紧螺母和护口连接固定

②布管线路要遵循"横平竖直"的原则，减少材料的损耗，同时使用彩色线管进行区分，更加清晰明了、美观、实用，如图3-53所示。

③布管要直，管与管之间预留2cm的间隙，防止贴砖空鼓。直管每隔70～80cm用管卡（管码）固定，并列排整齐，如图3-54所示。

④当线管长度不够时，管与管之间应采用套管连接，并在两根管的端头涂上专业PVC

图3-53　"横平竖直"布线

图3-54　管线铺设

胶黏剂，保证管路连接的牢固性。

⑤线管在拐弯处时，可以使用手动弯管或使用弯管器煨弯。弯曲半径不小于管外径的6倍。当两个接线盒只有一个弯曲时，弯曲半径不小于管外径的4倍，如图3-55所示。

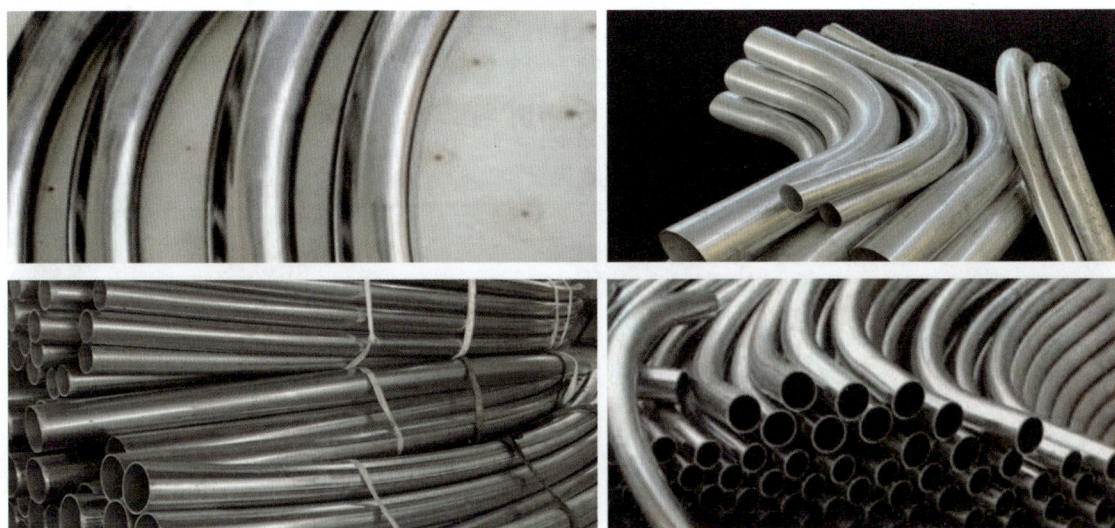

图3-55　弯管半径

⑥阳台、卫生间等比较潮湿的地面禁止铺设强电管。

⑦天花线路转角出处，不使用三通转角，应把管弯曲且管码固定间距不超过80cm，如图3-56所示。

⑧天花布线时先套黄蜡管并用胶布缠紧，每间隔15cm用铜丝固定，确保管不外露。

图3-56　天花线管

严禁使用铁钉或螺纹钉直接固定管线，防止断路，如图3-57所示。

⑨若出现强电与弱电交叉，强电需要在上面，弱电置于下面，为避免强电对弱电信号造成干扰，交叉部分需要用铝锡纸包裹处理，如图3-58所示。

图3-57　天花布线

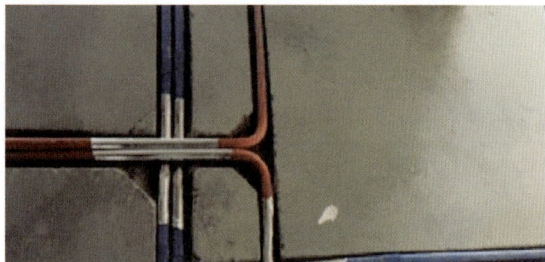

图3-58　强弱电交叉处理

（2）穿线。在室内装饰电路施工中，应该先布管后穿线。

①所有电路线都要穿在PVC管或钢管内，否则，长期使用后线路老化，很可能发生漏电，同时也可以保护线槽不被破坏。

②根据国家规范要求，管内电线的总截面面积要小于管道截面面积的40%，避免线路打结和影响散热，如图3-59所示。

③根据规范使用对应颜色的电线。相线使用红色，控制线使用黄色、绿色，零线使用黑色、蓝色，地线使用黄绿双色，如图3-60所示。在整个户型中，尽量使用同一种颜色的电线。

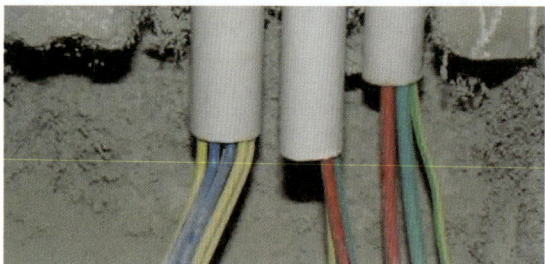

图3-59　穿线

图3-60　电线颜色区分

④底盒之间，需互通线路时必须套管。强弱电路不共管，不共底盒，如图3-61所示。

⑤天花穿线。天花灯位出线口，应用管顺弯，并套波纹管，接口用绝缘胶布缠实，所有灯位必须加地线，如图3-62所示。厨房、卫生间的天花原底盒要分线时，应加套一个去掉底板的底盒，再进行分线，如图3-63所示。

图3-61　不共底盒

⑥外露的电线头需要包裹绝缘胶布进行绝缘处理。需要与原线路接头时，先满上锡焊，再用胶带缠绕，后套黄蜡管，弯折。最后用绝缘电胶布缠绕紧密，如图3-64所示。

⑦在所有电线穿管后，室内电线都将连接到强电箱处。根据不同的需求，分别接通至强电箱中的开关线路、照明线路、插座线路等。电箱内的线头应缠绕整齐，并用三厘夹板做好保护，如图3-65所示。

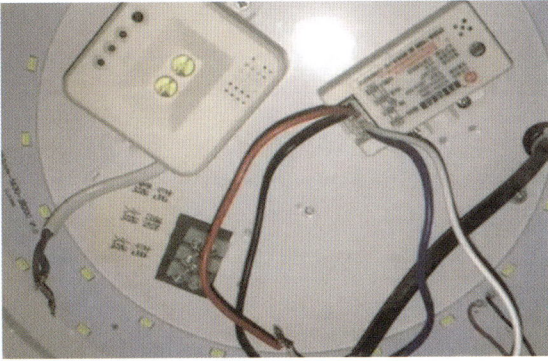

图3-62　天花灯位出线口

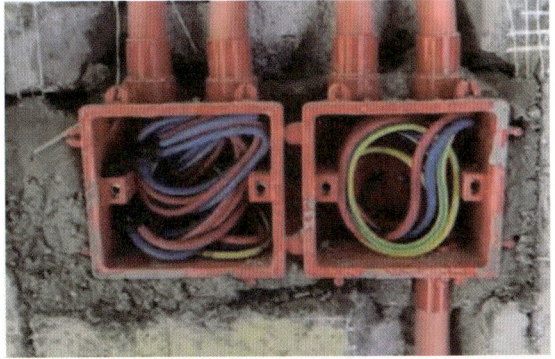

图3-63　天花底盒分线

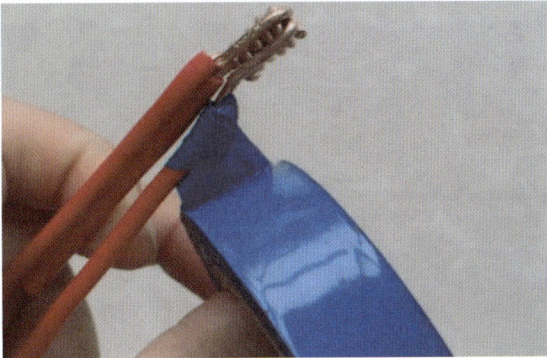

图3-64　缠绕绝缘胶布

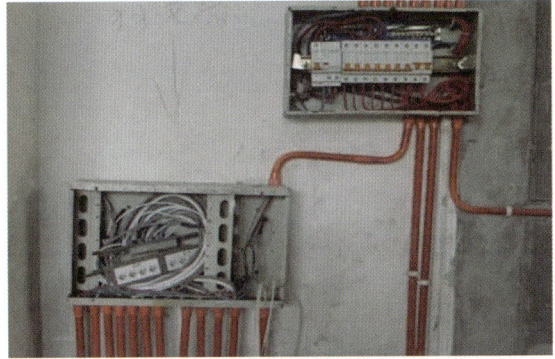

图3-65　强电箱与电线接通

3.2.3.9　封槽

在室内装饰中，电管线布设施工常用的工具有螺丝刀、电工钳、电锤、管钳、玻璃胶、冲击电钻、云石切割机、电笔、PPR热熔焊机等。

检测合格后，就可以进行封槽。封槽前需要槽边充分打毛，进行洒水处理，将浮灰

图3-66　线槽洒水

冲洗干净，充分润湿线槽，如图3-66所示。底盒用专用保护盖保护，避免后期施工污染电线。封补时保证盒底周边清洁干净，并将盒底之间的空隙填实。

按原有比例对水泥砂浆进行调配，填补时要注意光滑、平整，不能有空鼓开裂，不能高出原墙面，要略低于原墙面。管面砂浆层厚度要求在1cm以上，管不许外露。封槽如图3-67所示。

图3-67　封槽

木作工程

装饰材料与施工工艺

雕梁绣柱，引绳切墨。中国建筑之美，犹如一幅幅流动的画卷，诉说着千年的历史与文化的积淀。其美，不仅在于那雕梁画栋、恢宏大气的皇室建筑，彰显着权力与尊贵的象征；也在于那曲折幽深、素净淡雅的园林景致，让人仿佛置身于诗意的世界之中；更在于那青砖灰瓦、雕刻精美的民宅，每一处细节都透露着生活的韵味与匠人的智慧。

一砖一瓦，一木一石，皆是中国建筑之美的载体。随处可见的砖雕、木雕、石雕，如同历史的印记，记录着岁月的沧桑与文化的传承。这些雕刻作品，无论是繁复细腻的花纹，还是寓意深远的图案，都展现了中国古代工匠的精湛技艺和无穷创意。

而在中国建筑雕刻工艺中，垂花柱无疑是最具代表性的元素之一。它不仅承载着建筑的实用功能，更以其独特的艺术魅力，成为中式户牖之美中的点睛之笔。据史书记载，早在宋代，垂莲柱的做法就已经非常通行，甚至可能更早于宋代。从山西侯马董氏墓出土的金代墓中的砖雕形象，可以看到垂莲柱造型的成熟与精美。

在全国各地，无论是四川的"龙门"，还是闽南住宅的大门，甚至是江苏、浙江、安徽、江西等地的住宅，都能找到垂莲柱的身影。它们或用于展深门的檐下空间，或用于装饰门的出檐，成为中国建筑中的一种常见做法。这些垂莲柱不仅增添了建筑的层次感和立体感，更以其优雅的姿态和精致的雕刻，展现了古代工匠对美的追求和坚守。

垂花之美，美于匠心。这些古老的营造法式，承载着中国古代工匠的精工之美和无穷智慧。它们不仅是中国建筑艺术的瑰宝，更是中华民族文化自信的体现。在今天，我们依然可以从这些建筑中感受到那份古老而永恒的美，它跨越时空的界限，与我们产生共鸣，让我们在欣赏中感悟到中华文化的博大精深和源远流长。

知识目标

1. 了解设计师与木作工艺的关系。
2. 了解木作工程的材料与施工工艺。

能力目标

1. 木作工程的施工范围与内容。
2. 认识木作设计。
3. 木作工程施工图纸。
4. 培养学生的逻辑思维能力。

思政目标

1. 了解木作工程的重要性。
2. 培养学生爱岗敬业、思维敏锐的职业精神。

任务4.1　室内木作设计

木作设计是指运用石膏板、木工板、生态板、饰面板以及木地板等材料设计而成的木作造型，其中包括吊顶、背景墙、柜体、楼梯以及木地板铺装五个大类。在室内的装修装饰设计中，对装饰效果影响最大的是吊顶的设计样式以及背景墙的造型设计，这两种施工工法属于装饰性工法；而柜体的设计、楼梯的设计以及木地板的铺装设计等更偏实用性一些，如柜体如何设计隔层、楼梯如何安排踏步等。木作设计与木作工法是紧密相连的两个环节，木作设计的样式，在一定程度上决定木作的具体施工工法。因此，在掌握木作工法之前，需要对木作的多种设计样式有充足的学习和了解。木作设计的内容如图4-1所示。

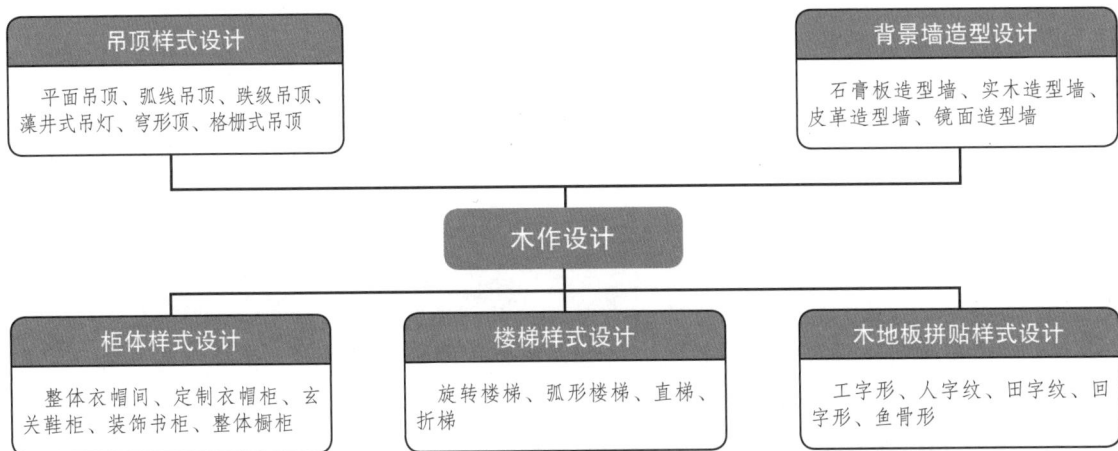

吊顶样式设计	背景墙造型设计
平面吊顶、弧线吊顶、跌级吊顶、藻井式吊灯、穹形顶、格栅式吊顶	石膏板造型墙、实木造型墙、皮革造型墙、镜面造型墙

木作设计

柜体样式设计	楼梯样式设计	木地板拼贴样式设计
整体衣帽间、定制衣帽柜、玄关鞋柜、装饰书柜、整体橱柜	旋转楼梯、弧形楼梯、直梯、折梯	工字形、人字纹、田字纹、回字形、鱼骨形

图4-1　木作设计的内容

吊顶工程1	吊顶工程2	吊顶工程3	吊顶工程4	吊顶工程5

4.1.1　吊顶

4.1.1.1　平面吊顶

平面吊顶多设计在现代、简约以及北欧等风格的空间中，如图4-2所示，吊顶的样式以平面为主，增加一些暗藏灯带、筒灯、射灯的光源，来丰富平面吊顶的线性美感。平面吊顶设计不注重吊顶在造型上的变化，而是注重在吊顶中营造出光影变化，来丰富室内的装饰效果。

图4-2　常见的平面吊顶样式

4.1.1.2　弧线吊顶

弧线吊顶适合设计在不规则的空间中，如多边形空间、弧形空间等，将弧线吊顶的弧度美感与空间的弧度相结合设计。弧形吊顶常见的设计样式为圆形、椭圆形以及半弧线造型，与空间中的灯具、设计元素等结合在一起，如图4-3所示。

4.1.1.3　跌级吊顶

跌级吊顶是指不在同一平面的降标高吊顶，类似阶梯的形式。它就是一般意义上的二

级、三级或者多级吊顶，并在跌级吊顶的内部设计暗藏灯带，增加吊顶的纵深感，如图4-4所示。

4.1.1.4 藻井式吊顶

藻井式吊顶又称为井格式吊顶，是在吊顶中设计出多块井格造型的一种设计形式，如图4-5所示。藻井式吊顶具有突出的立体感与厚重感，与墙面造型的融合设计出色。在藻井式吊顶的细节设计中，会运用粗细不同的石膏线条、实木线条装饰修边，以增加藻井式吊顶边角的自然感。

4.1.1.5 穹形吊顶

穹形吊顶即拱形或盖形吊顶，如图4-6所示。其适合层高特别高或者顶面是尖屋顶的房间，要求空间最低点大于2.6m，最高点没有要求，通常在4m左右。穹形顶造型的拱形弧度优美，是一种典型的欧式吊顶装饰手法。

4.1.1.6 格栅式吊顶

格栅式吊顶是一种具有装饰美感且拥有高性价比的吊顶，其施工方便、快捷，不占用吊顶空间，如图4-7所示。格栅式吊顶可采用木纹材质、塑料材质以及金属材质等多种材质，以营造出丰富的装饰效果。

4.1.2 背景墙造型设计

背景墙造型常见于电视墙、沙发墙、餐厅墙、床头墙以及端景墙等处，设计在这些位置上的墙面造型统称为背景墙造型设计。背景墙又称为主题墙，是空间中的装饰重点，常采用石材、实木、皮革等高级材料来装饰。

4.1.2.1 石膏板造型墙

石膏板造型墙是采用石膏板、木工板为材料制作成的背景墙，具

图4-3　常见的弧线吊顶样式

图4-4　常见的跌级吊顶样式

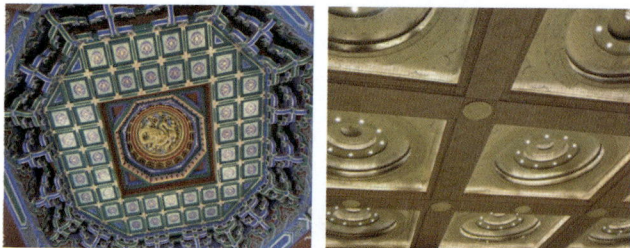

图4-5　常见的藻井式吊顶样式

图4-6　常见的穹形吊顶样式

图4-7　常见的格栅式吊顶样式

图4-8　常见的石膏板造型墙样式

图4-9　常见的实木造型墙样式

图4-10　常见的皮革造型墙样式

图4-11　常见的镜面造型墙样式

图4-12　常见的整体衣帽间样式

有可塑性高、性价比高等特点，如图4-8所示。石膏板造型墙多用于墙面凹凸造型的设计，来体现出背景墙的立体感。

4.1.2.2　实木造型墙

实木造型墙是以实木、木饰面等材料制作而成的背景墙。实木造型墙具有高贵、奢华的装饰美感并多运用在中式风格的空间中。实木造型墙既可采用全木饰面粘贴在墙面上，也可设计成雕花格的形式搭配装饰画设计在墙面中，如图4-9所示。

4.1.2.3　皮革造型墙

皮革造型墙是以皮革、布纹等材料制作而成的背景墙，即常见的软、硬包背景墙，如图4-10所示。硬包造型墙常设计在现代、简约等风格中，软包造型墙常设计在欧式、美式等风格中。

4.1.2.4　镜面造型墙

镜面造型墙是以银镜、印花镜面、黑镜等材料制作而成的背景墙。由于镜面具有拓展空间面积的设计效果，因此多设计在面积较小的空间中。如图4-11所示，银镜造型墙的空间拓展效果最好，而黑镜造型墙具有若隐若现的装饰效果。

4.1.3　柜体样式设计

柜体是室内空间中不可或缺的一个项目，其不仅具有实用性，而且具备一定的装饰性。柜体样式设计在满足收纳的前提下，应注意与室内风格、墙面材料的搭配和呼应，使柜体融入空间中，形成一个统一的整体。

4.1.3.1　整体衣帽间

整体衣帽间是指在室内存储、收放、更衣和梳妆的专用空间，通常是一处独立的空间，与主卧室设计在一起，如图4-12所示。整体衣帽间内的柜体不需要设计开合或推拉的柜门，柜体的层级和区间需分配合理，并在面积允许的情况下，设计一处梳妆台。

4.1.3.2 定制衣帽柜

定制衣帽柜是采用木工现场制作，或者成品定制的形式制作的衣帽柜，如图4-13所示。由于定制衣柜的特点是具有可控性，使其可与空间的设计风格和家具搭配呼应在一起，因此不会显得突兀且格格不入。定制衣帽柜注重实用性，通常衣帽柜的面积越大，收纳功能越齐全。设计效果主要靠柜门的样式和颜色来彰显。

4.1.3.3 玄关鞋柜

玄关鞋柜是指设计在玄关处，可收纳鞋袜和临时衣物的柜体，如图4-14所示。通常为上、下两层式设计，上层收纳衣物，下层收纳鞋袜。玄关鞋柜为了不占用空间面积，多数会设计为嵌入式，嵌入墙面中。有时会设计为增加鞋柜的长度，以增加收纳空间。

4.1.3.4 装饰书柜

装饰书柜是指设计在书房中，用于摆放书籍或装饰品的柜体，如图4-15所示。装饰书柜通常设计为敞开式，方便收放书籍和摆放装饰品。有些装饰书柜为了增加收纳功能，会将下面的空间设计为开合式柜门的封闭柜体，用于堆放杂物。

4.1.3.5 整体橱柜

整体橱柜又称定制橱柜，包括地柜和吊柜两个部分，如图4-16所示。整体橱柜有L形、U形以及岛台形等，分别适用于敞开式厨房、半封闭式厨房和全封闭式厨房。整体橱柜的装饰效果主要由柜门的样式、材质和颜色而决定，可根据具体的设计风格而进行对应的选择。

图4-13 常见的定制衣帽柜样式

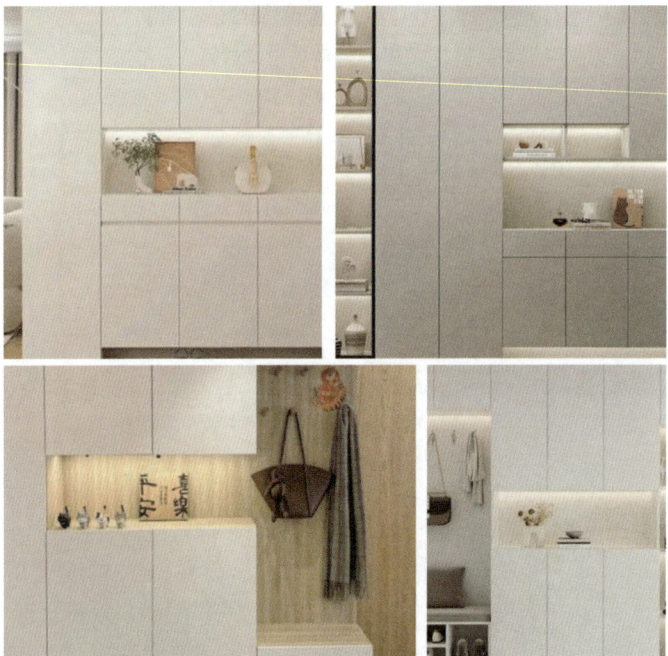

图4-14 常见的玄关鞋柜样式

图4-15 常见的装饰书柜样式

图4-16 常见的整体橱柜样式

4.1.4 楼梯样式设计

楼梯用于连接上、下两层空间,作为唯一上、下通道。根据空间面积及形状的不同,楼梯有旋转楼梯、弧形楼梯、直梯以及折梯四种类型。其中,旋转楼梯以及直梯占地面积小,较为陡峭;弧形楼梯和折梯占地面积大,但坡度平缓舒适。

4.1.4.1 旋转楼梯

旋转楼梯是指围绕着中心圆柱体制作而成的楼梯,如图4-17所示。这种楼梯占地面积非常小,只需要1.5m×1.5m的空间即可。旋转楼梯有钢结构、木结构以及钢木混合结构等几种材质类型。

图4-17　常见的旋转楼梯样式

4.1.4.2　弧形楼梯

弧形楼梯是指楼梯形状采用优美弧线形式制作而成的楼梯，如图4-18所示。弧形楼梯与旋转楼梯不同，其对空间面积的需求较高，踏步的坡度更舒适，且装饰效果优美。弧形楼梯会采用石材或实木作为踏步，营造出奢华的设计感。

图4-18　常见的弧形楼梯样式

4.1.4.3　直梯

直梯是指直线形状的楼梯，如图4-19所示。这种楼梯是最常见的楼梯样式，通常紧贴着墙面设计，不占用过多的空间面积。直梯多设计在复式户型中，因此层高较低，设计直梯可方便上下行走。

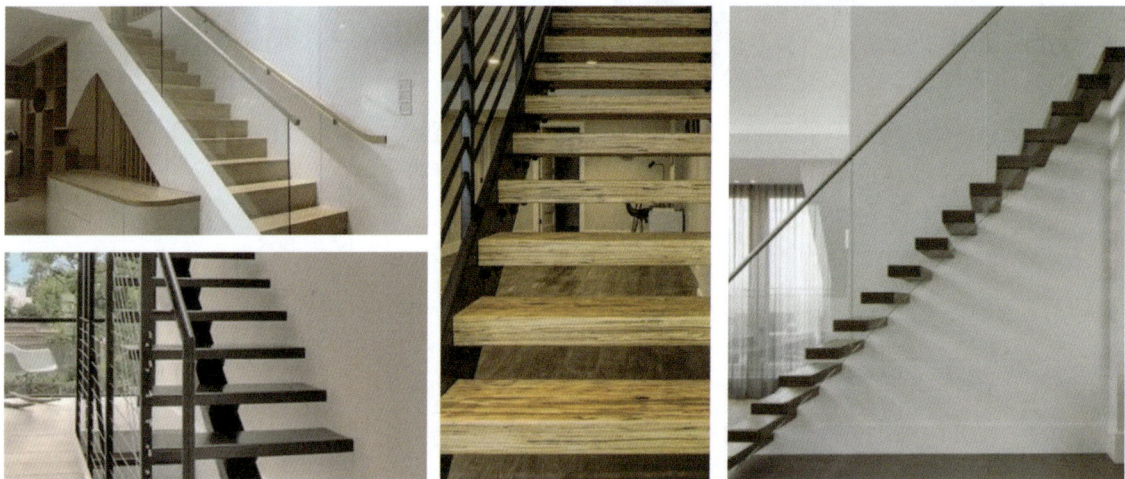

图4-19　常见的直梯样式

4.1.4.4 折梯

折梯是指带有弯折形式的楼梯，如图4-20所示。这种类型的楼梯可增加踏步的数量，因此适合设计在层高较高的户型中，如跃层、别墅等户型中。折梯可采用钢结构、实木结构以及混凝土现浇结构制作而成，扶手可采用金属、玻璃、实木等材料制作而成。

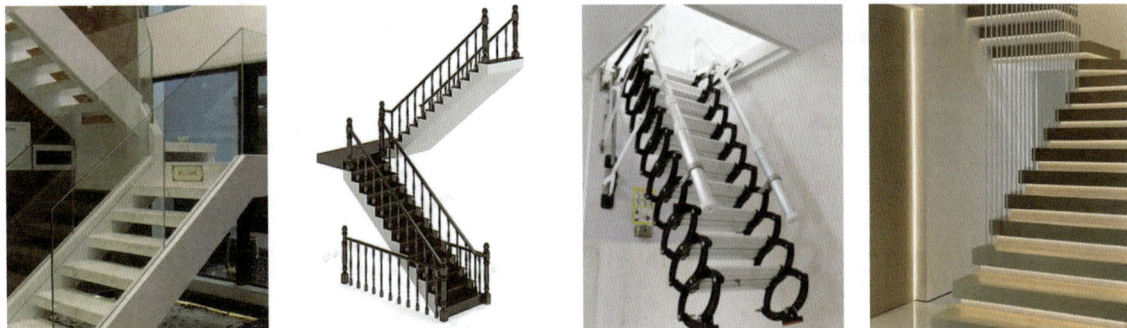

图4-20　常见的折梯样式

4.1.5　木地板拼贴样式设计

木地板普遍铺贴在卧室、书房等空间中，有时也会铺贴在客厅中。为了提升木地板的装饰效果，会采用多种不同的拼贴样式。常规的木地板拼贴样式有工字形拼贴，即错落式拼贴，具有拼花设计效果的有田字形拼贴、回字形拼贴等样式。可根据具体空间的风格基调，选择适合的木地板拼贴样式。

4.1.5.1　工字形拼贴

工字形拼贴是现代家装过程中比较常见的一种木地板拼贴方式。如图4-21所示，这种拼贴方式严格遵守上下对称的原则，有着对称整齐、视觉效果突出的特点。这种方法对材料消耗不大。拼贴时简单，易上手，对施工人员来说难度不大，很容易出效果。

4.1.5.2　人字形拼贴

由于人字形拼贴法是地板曲折分布，因此像一个人字形而得名，如图4-22所示。其优点在于能增强空间地面的立体感，而且木地板材料的损耗较小。

图4-21　工字形拼贴样式

4.1.5.3　田字形拼贴

田字形拼贴是指将几块同等大小的地板拼成一块正方形，然后四个正方形加在一起，呈现出田字的效果，如图4-23所示。整体拼贴的效果与旧时人们编织出来的竹篮花纹相像，因此也叫复古纹拼贴。田字形拼贴从视觉上看，趣味性比较强，可以根据实际情况选择田字形的大小以及颜色等。

4.1.5.4　回字形拼贴

如图4-24所示，回字形拼贴是指由两种不同规格的地板组合而成，不同的组合方式可以变换出不同的样子，样式非常多。这也意味着回字纹拼贴的施工难度大，建材耗费大，所以在选用这种拼贴方式时要做好预算上升的准备。

图4-22　人字形拼贴样式

图4-23　田字形拼贴样式

图4-24　回字形拼贴样式

4.1.5.5　鱼骨形拼贴

鱼骨形拼贴乍一看与人字形拼贴十分相似，但相较于人字形拼贴带来的装饰效果更具冲击性。如图4-25所示，拼接完毕后的样子犹如鱼的骨骼，因此而得名。从工艺上来说，鱼骨形拼贴更为复杂，对人工要求更高；在板材的损耗上来说，鱼骨形拼贴的损耗度也大。

图4-25　鱼骨形拼贴样式

任务4.2　施工材料

4.2.1　石膏板

石膏板是一种以建筑石膏为主要原料制成的建筑材料（图4-26）。其核心成分通常为硬质石膏或半水石膏，通过添加适量的添加剂和纤维，经过混合、压制、干燥等工艺制成。根据不同的需求，石膏板可分为多种类型，如纸面石膏板、无纸面石膏板、装饰石膏板、石膏空心条板、纤维石膏板等。在当今的建筑材料市场中，石膏板作为一种轻质、高强度、多功能的建筑材料，受到设计师和建筑师的青睐。它不仅具备良好的物理性能，如隔声、绝热、防火等，还因其易于加工和安装的特性，成为现代建筑和室内装修的重要选择。以下从石膏板的性能特点以及用途两个方面进行详细介绍。

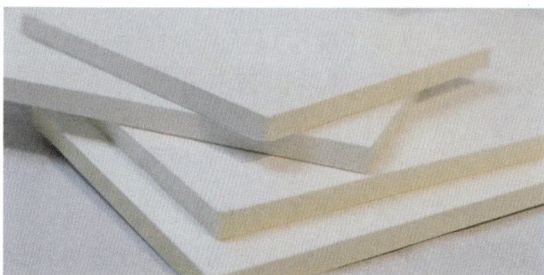

图4-26　石膏板

4.2.1.1　石膏板的性能特点

（1）轻质高强。石膏板以其较低的密度和较高的强度著称，不仅减轻了建筑物的整体重量，还提高了结构的稳定性和安全性。

（2）隔声绝热。石膏板的多孔结构使得其具备良好的隔声效果，同时其热导率低，能够有效隔绝室内外温度差异，保持室内温度的稳定性。

（3）防火防潮。通过添加防火剂和防潮剂，能够显著提高石膏板的防火和防潮性能，适应多种复杂的使用环境。

（4）加工方便。石膏板可锯、可钉、可刨、可粘贴，易于进行各种形式的加工和安装，提高了施工效率和装修效果。

（5）环保健康。石膏板在生产和使用过程中无毒无味，不会对人体健康造成危害，是一种绿色环保的建筑材料。

4.2.1.2　石膏板的用途

（1）隔墙与隔断。石膏板因其轻质高强和易于加工的特性，被广泛应用于室内空间的划分。无论是家庭住宅、办公空间还是商业空间，石膏板都能轻松构建出美观实用的隔墙和隔断。其良好的隔声效果，还能有效保证各个空间的私密性和独立性。

（2）吊顶与造型。石膏板在吊顶方面的应用同样广泛。通过不同的安装方式和设计手法，石膏板可以打造出丰富多样的吊顶造型，如平面吊顶、造型吊顶、悬挂吊顶等。这些吊顶不仅能够美化室内空间，还能有效隐藏管线、灯具等设备，提高室内的整体美观度和实用性。

（3）装饰与装修。石膏板还是一种优质的装饰材料。其表面平整光滑，易于进行涂饰、贴壁纸或安装装饰面板等操作。石膏板还可以根据需求进行切割、雕刻等处理，制成各种图案、花饰的装饰板材，如石膏印花板、穿孔吊顶板等。这些装饰板材广泛应用于墙面、天花板等部位的装修，提升了室内的装饰效果和档次。

（4）特殊用途。除了上述常规用途外，石膏板还可根据特殊需求进行定制。例如，防水石膏板可用于卫生间、厨房等湿度较大的场所；防火石膏板可用于对防火性能要求较高的建筑区域；穿孔吸声石膏板适用于电影院、音乐厅等对音质要求较高的场所。这些特殊用途的石膏板进一步拓宽了石膏板的应用领域。

4.2.2　矿棉板

矿棉板（图4-27）以粒状矿物纤维棉为主要原料，内部含有大量微孔结构，这些微孔能有效吸收声波能量，减少声波的反射和传递，从而达到降噪的效果。试验证明，矿棉板的平均吸声率可达到0.5以上，非常适合用于需要控制噪声的场所，如办公室、学校、商场等。

（1）优良的防火性能。安全是建筑设计中的首要考虑

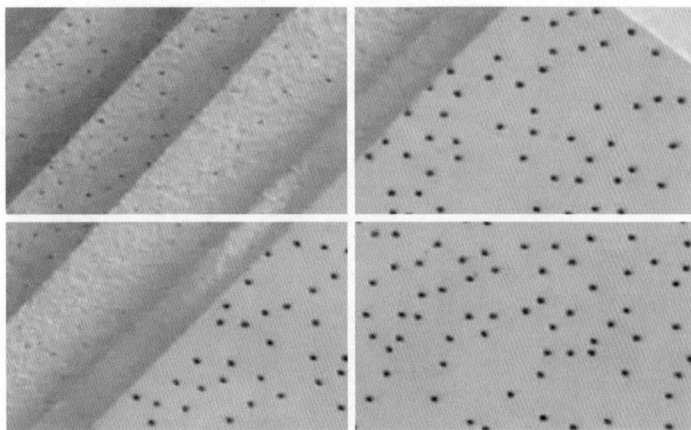

图4-27　矿棉板

因素，而矿棉板正是一种理想的防火吊顶材料。它以不燃的矿棉为主要原料，熔点高达1300℃，即使在发生火灾时，也不会产生燃烧，能有效阻止火势的蔓延，保障人员生命财产安全。

（2）良好的保温隔热性能。矿棉板具有较高的热阻值，能有效隔绝室内外温差，保持室内温度稳定。其平均热导率较小，使得矿棉板成为冬季保暖、夏季隔热的理想选择，有助于降低建筑能耗，提升居住舒适度。

（3）丰富的装饰效果。矿棉板吊顶不仅功能强大，还具备良好的装饰性。其表面经过特殊处理，可形成滚花、浮雕等多种图案，如满天星、十字花、中心花等，满足不同装修风格的需求。矿棉板还可根据实际需求进行定制，实现个性化设计。

（4）轻便，易安装。矿棉板吊顶采用模块化设计，现场拼接固定即可，安装过程简便、快捷。其重量较轻，一般控制在$180 \sim 450 kg/m^3$，减轻了建筑物的自重，也便于后期维护和更换。

4.2.3 硅钙板

硅钙板又称石膏复合板，是一种由天然石膏粉、白水泥、胶水、玻璃纤维等多种材料复合而成的装饰材料（图4-28）。其名称中的"硅"和"钙"分别来源于主要成分中的硅酸钙，这种多元材料的组合赋予了硅钙板卓越的物理和化学性能。

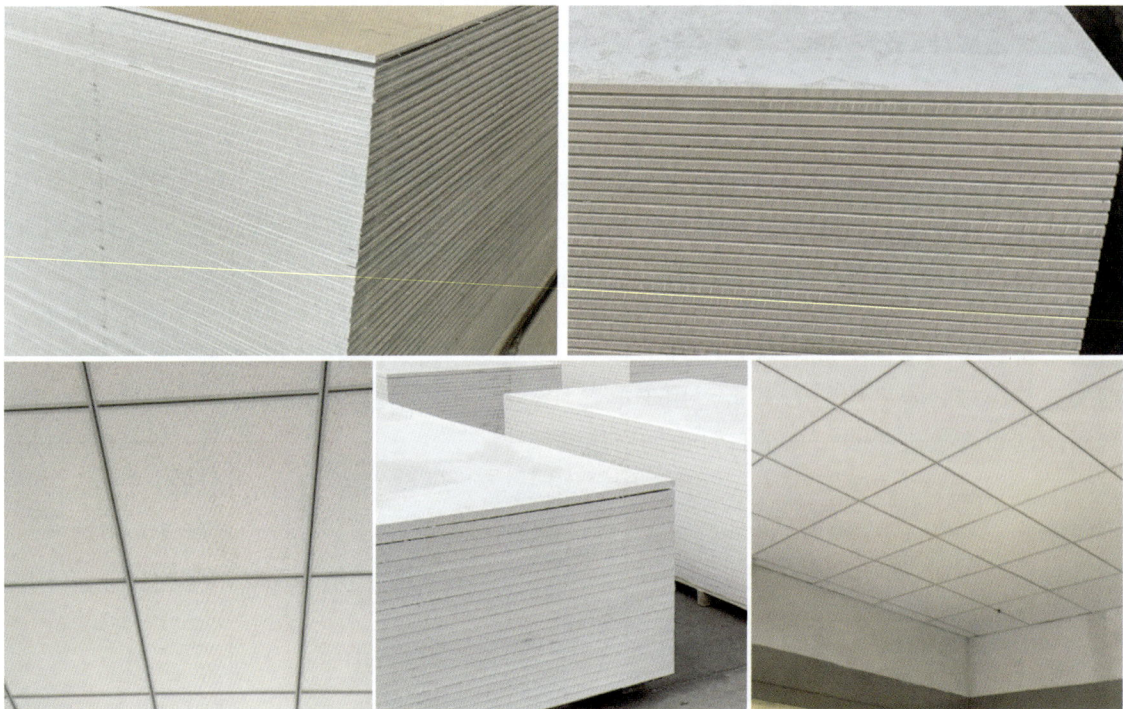

图4-28　硅钙板

4.2.3.1　硅钙板的特性

（1）防火性能。硅钙板是一种不燃A1级材料，即使在发生火灾时，板材也不会燃烧，更不会产生有毒烟雾。这种特性使得硅钙板在需要高防火要求的场所，如医院、学校、办公楼等公共建筑中得到了广泛应用。

（2）防水性能。硅钙板具有良好的防水性能，能够在高湿度的环境中保持性能稳定，不会膨胀或变形。因此，在卫生间、浴室等潮湿场所的吊顶装修中，硅钙板成为首选材料。

（3）强度高。硅钙板的强度显著高于普通纸面石膏板，即使只有6mm的厚度，其强度也能大大超过9.5mm厚的普通石膏板。这使得硅钙板在墙体和吊顶装修中能够提供更坚实的支撑，不易受损破裂。

（4）隔热、隔声。硅钙板不仅具有良好的隔热保温性能，还具备出色的隔声效果。在寒冷的冬季，硅钙板能够有效减少室内热量的散失；在嘈杂的环境中，硅钙板能有效隔绝噪声，为居住者创造更加安静、舒适的空间。

（5）耐久性。硅钙板的性能稳定，耐酸碱、不易腐蚀，也不会受到潮气或虫蚁的损害。这些特性使得硅钙板具有超长的使用寿命，能够节省后期维护和更换的成本。

4.2.3.2　硅钙板的优点

（1）安全环保。硅钙板无毒无害，符合国家环保标准，装修后无须担心甲醛等有害气体的释放。

（2）施工便捷。硅钙板吊顶的施工工艺相对简单，易于安装和拆卸，大大缩短了装修工期。

（3）造型多样。硅钙板可根据设计需求进行切割、雕刻等加工处理，实现多样化的造型和图案设计。

（4）经济实惠。虽然硅钙板在价格上略高于部分传统吊顶材料，但其卓越的性能和长久的使用寿命使得其整体性价比更高。

4.2.4　PVC板

PVC板全称为聚氯乙烯板，是一种以聚氯乙烯树脂为主要原料，加入适量的稳定剂、抗老化剂、改性剂等助剂，通过混炼、压延、真空吸塑等工艺制成的塑料板材（图4-29）。PVC板以其轻质、高强度、耐腐蚀、易加工等特性，在建筑装修、家具制造、广告展示等多个领域得到了广泛应用。

图4-29　PVC板

4.2.4.1　PVC板的特点

（1）轻质高强。PVC板相比传统材料具有较低的密度，但强度却相当可观，能够承受一定的压力和冲击，适合作为吊顶材料使用。

（2）耐腐蚀。PVC板具有良好的耐酸碱性能，不易受到环境因素的影响，能够在潮湿、酸碱度较高的环境中长期使用。

（3）易加工。PVC板可通过锯、切、钻、粘等多种方式进行加工，安装简便、快捷，适合现场施工。

（4）防火阻燃。现代PVC板多加入阻燃剂，提高了其防火性能，遇火不易燃烧，且离火后能迅速自熄。

（5）美观多样。PVC板表面可印刷各种花色、图案，颜色鲜艳、丰富，能够满足不同装修风格的需求。

4.2.4.2　PVC板的用途

（1）家装领域。PVC板因其价格实惠、安装简便、防水、防潮等特性，在家装领域得到了广泛应用。特别是在厨房、卫生间等潮湿环境中，PVC板吊顶能够有效防止水汽侵蚀，保护墙面和天花板，延长室内装修的使用寿命。PVC板吊顶还具有良好的隔声性能，有助于提升家居生活的舒适度。

（2）公共建筑。在商场、医院、学校等公共建筑中，PVC板吊顶同样发挥着重要作用。这些场所人流量大、使用环境复杂，对吊顶材料的要求较高。PVC板吊顶不仅具有美观大方的外观，还能够满足防火、防潮、易清洁等需求，为公共建筑的安全和卫生提供保障。

（3）工业厂房。工业厂房的吊顶材料需要承受较大的载荷和复杂的使用环境。PVC板虽然不如金属板材强度高，但在一些非重载、非腐蚀性环境中，其轻质高强的特点仍能满足需求。PVC板吊顶还具有良好的隔声、隔热性能，有助于改善工业厂房的工作环境。

4.2.5　铝扣板

铝扣板，顾名思义，是一种以铝合金为主要材质，通过成型、表面处理等工艺加工而成的吊顶材料（图4-30）。其质地轻便、耐用，且表面平整光滑，具有多种优良特性，广泛应用于家庭、商业及公共场所的吊顶装修中。

图4-30　铝扣板

4.2.5.1　铝扣板的特性

（1）美观大方。铝扣板表面可以喷涂各种颜色，或进行印花、压花处理，以满足不同装修风格的需求。其现代简约的设计风格，能显著提升室内空间的整体美感。

（2）环保耐用。铝扣板材质环保，不含有害物质，符合现代绿色装修的理念。其结构紧密，不易变形、老化，具有较长的使用寿命。

（3）防火防潮。铝扣板具有优异的防火、防潮性能，能有效抵御火灾和潮湿环境对吊顶的侵害，保障室内安全。

（4）易清洁维护。铝扣板表面光滑，不易沾灰尘和油污，清洁起来十分方便。使用湿布或清洁剂擦拭即可恢复光洁如新，大大降低了维护成本。

（5）安装便捷。铝扣板采用模块化设计，安装简便、快捷。通过龙骨和扣板之间的简单拼接即可完成安装，大大缩短了施工周期。

4.2.5.2　铝扣板的分类

铝扣板根据其表面处理方式、功能特性及用途的不同，可分为多种类型。

（1）辊涂板。通过高温烘烤、抗氧化多循环技术处理而成，表面光滑、色泽均匀。可通过喷漆、彩色印刷等手段加工成彩色铝扣板，满足个性化需求。

（2）阳极氧化板。采用铝合金基材，经过阳极氧化处理，表面形成一层致密的氧化膜，增强了耐腐蚀性和耐磨性。根据功能不同，还可细分为耐刮铝扣板、纳米铝扣板等。

（3）钛合金铝扣板。选用进口钛合金材料，经过特殊工艺加工而成。具有高强度、高质量、耐腐蚀等特点，但生产成本较高，应用相对较少。

4.2.5.3　铝扣板的用途

（1）家装领域。在家装领域，铝扣板主要用于厨房和卫生间的吊顶装修。厨房油烟多、水汽大，铝扣板能有效抵御油烟和潮湿的侵蚀；卫生间因需考虑防水和防潮问题，铝扣板同样是不二之选。随着集成吊顶行业的发展，铝扣板也开始应用于客厅、卧室等区域，为全屋装修提供更多可能性。

（2）商业及公共场所。在商业及公共场所，铝扣板因其美观、耐用、易清洁等特性，被广泛应用于歌剧院、练舞室、写字楼、购物广场、展会、咖啡店、茶餐厅、学校、幼儿园等场所。这些场所对吊顶的美观性和功能性要求较高，铝扣板恰好能满足这些需求。

4.2.6　铝塑板

铝塑板，又称铝塑复合板，是一种由化学处理铝板作为表面材料，聚乙烯塑料作为芯材，通过特殊工艺在铝塑板生产设备上加工而成的复合材料（图4-31）。其结构通常分为上下两层：上层为高纯度铝板，经过表面处理后具有优异的装饰性和耐候性；下层为聚乙烯塑料芯材，赋予材料良好的轻质、隔

图4-31　铝塑板

声、隔热及防潮性能。

4.2.6.1 铝塑板的特性

（1）轻质耐用。铝塑板重量轻，便于运输和安装，同时具有较高的强度和刚度，能够承受一定的压力和冲击。

（2）装饰性强。铝塑板表面可经过多种工艺处理，如喷涂、压花、转印等，形成丰富的色彩和图案，满足不同装修风格的需求。

（3）耐候、防腐。铝塑板外层铝板具有良好的耐候性和防腐蚀性，能在恶劣环境下保持稳定的性能。

（4）隔声、隔热。聚乙烯塑料芯材具有良好的隔声和隔热性能，有助于提升室内环境的舒适度。

（5）环保节能。铝塑板可回收再利用，符合现代建筑对环保节能的要求。

4.2.6.2 铝塑板的主要用途

（1）家装领域。在家装领域，铝塑板因其轻质、耐用、装饰性强等特点，广泛应用于吊顶、墙面、橱柜门板等部位。特别是在厨房和卫生间等潮湿环境中，铝塑板能够有效抵抗水汽侵蚀，保持室内环境的干燥和整洁。铝塑板还适用于卧室、客厅等区域的吊顶装饰，通过不同的花色和图案选择，营造出个性化的居住空间。

（2）工装及公共建筑。在工装及公共建筑领域，铝塑板同样展现出其独特的优势。它常被用于商场、酒店、办公楼等场所的吊顶和墙面装饰，不仅提升了建筑的美观度，而且增强了室内的隔声、隔热效果。铝塑板还具有良好的防火性能，符合公共场所对安全性的严格要求。

铝塑板作为一种优质的吊顶材料，在建筑装饰领域具有广泛的应用前景。其轻质耐用、装饰性强、耐候、防腐、隔声、隔热以及环保节能等特性使得它成为家装、工装及公共建筑吊顶装饰的理想选择。随着人们对建筑装饰材料要求的不断提高和技术的不断进步，铝塑板将在未来的建筑装饰领域发挥更加重要的作用。

4.2.7 软膜天花

软膜天花（图4-32）主要由PVC材料制成，这种材料具有良好的稳定性和耐用性，其性能在−15～45℃之间均能保持稳定。软膜天花俗称"弹力布"，通过一次或多次切割成型、高频焊接完成，具有优良的柔韧性和可塑性。软膜天花因其独特的性能和设计优势，逐渐成为现代室内装修的新宠。

图4-32 软膜天花

（1）环保性能。软膜天花是环保型材料，不含镉、甲醛等有害物质。在制造、运输、安装、使用和回收的全过程中，均不会对环境造成污染。这种特性使得软膜天花成为绿色装修的首选材料。

（2）防火与防菌。软膜天花具有优异的防火性能，根据不同的处理工艺，其防火等级可达到A级或B1级。A级防火软膜天花能在-50～100℃的温度下保持稳定，而B1级防火软膜天花也能在-25～45℃的温度范围内正常使用。软膜表面经过特殊处理，能有效抵抗和防止微生物（如霉菌）的生长，为室内环境提供额外的保护。

（3）其他特性。软膜天花还具有防水、防潮、抗老化等特性。其封闭设计能在一定程度上承托污水，确保室内环境的清洁。软膜材料的构造成分保证其在长期使用过程中不脱色、不产生裂纹，可有效延长使用寿命。

4.2.8　地板的类别

4.2.8.1　实木地板

实木地板如图4-33所示。

图4-33　实木地板

（1）特点。实木地板，顾名思义，是由整块天然木材直接加工而成的地板。它保留了木材原有的纹理、色泽与质感，每一块地板都独一无二，自然气息浓厚。实木地板的硬度高、耐磨性强，且具有良好的保温、隔声性能，能够为家居环境带来温馨舒适的感受。

（2）用途与适用场景。实木地板适用于多种家居风格，尤其是追求自然、质朴氛围的北欧风、日式风或中式古典风格。在客厅、卧室等主要生活区域铺设实木地板，能够显著提升空间的档次与品质。然而，由于实木地板对湿度和温度变化较为敏感，需定期进行保养，因此更适合在温湿度相对稳定的室内环境中使用。

（3）注意事项。选择实木地板时，需关注木材的种类、等级与含水率，以确保地板的质量与稳定性。安装过程中需做好防潮处理，并定期检查地板的缝隙是否变大，及时进行维护。

4.2.8.2　实木复合地板

实木复合地板如图4-34所示。

（1）特点。实木复合地板又称多层实木地板，是由多层实木单板交错层压而成的。它结合了实木地板的美观与强化地板的稳定性，既保留了木材的天然纹理与脚感，又克服了实木地板易变形的缺点。实木复合地板还

图4-34　实木复合地板

具有良好的地热适应性，适合地暖系统的安装。

（2）用途与适用场景。实木复合地板因其性能均衡，广泛应用于各类家居装修中，无论是简约风、现代风还是复古风，都能找到与之相配的产品。它不仅适合客厅、卧室等大面积铺设，还常用于书房、衣帽间等需要营造静谧氛围的空间。实木复合地板也是地暖系统的理想搭档，能够均匀导热，保持室内温暖舒适。

（3）注意事项。在选择实木复合地板时，应关注其层数与板材的厚度，以及胶水的环保等级。安装时需确保地面平整、干燥，并遵循专业的安装流程，以保证地板的稳定性和使用寿命。

4.2.8.3 竹木地板

竹木地板如图4-35所示。

（1）材质特性。竹木地板是以竹材为主要原料，结合现代先进的生产工艺加工而成的一种复合地板。竹子作为一种生长迅速、再生能力强的自然资源，其材质坚硬、耐磨、耐腐蚀，且具备良好的吸湿、解湿性能，能有效调节室内湿度。竹木地板在保留竹子天然纹理的基础上，通过科学的防腐、防虫处理及表面处理技术，使其既保留了竹材的自然美感，又克服了传统竹制品易变形、开裂的缺点，成为现代家居装饰的优选材料之一。

图4-35 竹木地板

（2）主要用途。竹木地板因其独特的材质特性，广泛应用于家庭住宅、别墅、酒店、会所等中高档装修场所。其自然的色泽与纹理能够营造出温馨、雅致的居住氛围，由于其耐磨、易清洁的特性，也非常适合频繁活动的区域如客厅、餐厅等。竹木地板的环保属性也符合现代人对绿色家居的追求。

4.2.8.4 软木地板

软木地板如图4-36所示。

图4-36 软木地板

（1）材质特性。软木地板，顾名思义，其原材料主要来源于栓皮栎树的外层树皮，俗称"软木"。这种树皮具有独特的蜂窝状结构，赋予了软木地板极佳的弹性、隔声和保温性能。软木地板触感柔软，行走其上如履云端，能有效减少噪声传递，为居住者带来极致的舒适体验。软木材料还具备优异的阻燃、防潮、防虫性能，确保地板的长期使用安全。

（2）主要用途。软木地板因其卓越的舒适性和隔声效果，常被用于需要高度安静和舒适的场合，如卧室、书房、儿童房以及高端商业空间的接待区、会议室等。软木地板还因其独特的质感和高档的外观，成为彰显品位与格调的重要元素，在豪华别墅、五星级酒店等高端场所也有广泛应用。

4.2.8.5　塑料地板

塑料地板如图4-37所示。

图4-37　塑料地板

（1）材质特性。塑料地板，即PVC地板，是一种以PVC为主要原料，经过加工制成的地板材料。PVC地板具有质地轻盈、安装便捷、耐磨耐刮、防水防潮等特点，且色彩丰富，图案多样，可满足不同风格与需求的装饰设计。PVC地板的环保性能也在不断提升，许多产品已达到无甲醛、无重金属等环保标准，成为现代家居与商业空间的经济实惠之选。

（2）主要用途。PVC地板因其经济实用、易于维护的特点，广泛应用于家庭、学校、医院、办公室、商场、运动场馆等多种空间。在学校、医院等需要高清洁标准的场所，PVC地板的防水、防潮性能尤为重要；而在家庭装修中，PVC地板的多样化选择与高性价比则成为其吸引消费者的关键。PVC地板还因其良好的耐磨性和防滑性，在运动场馆等特定场所也有着广泛的应用。

任务4.3　施工工艺

规范木工工程展示1　规范木工工程展示2　规范木工工程展示3

4.3.1　现场木作工法

现场木作工法是指由装修工人在现场，依据实际情况施工而成的木作工法，如吊顶施工、造型墙施工以及软硬包施工等（图4-38）。这种类型的施工项目均需要以木工板、石膏板以及木方等为材料，结合一定的工艺工法制作而成。其中，施工量最大的吊顶施工，几乎涵盖室内的每一处空间，包括客厅、餐厅、卧室以及书房等空间。木作吊顶的造型多样，大概分为平面吊顶、直线吊顶、跌级吊顶、弧线吊顶、异形吊顶、穹形吊顶等多种类型，居住者可依据自己的喜好选择喜欢的吊顶式样。木作造型墙施工主要集中在电视墙、沙发墙、床头墙以及餐厅墙等处，其外表美观、精致古朴，承载着整个空间装饰效果的重任。软硬包施工特指一种装饰效果出众、施工工法要求较高的墙面造型。两者之间虽材质有所差别，但工法都大同小异。硬包施工经久耐用、隔声性能好、保养简单，其面料直接

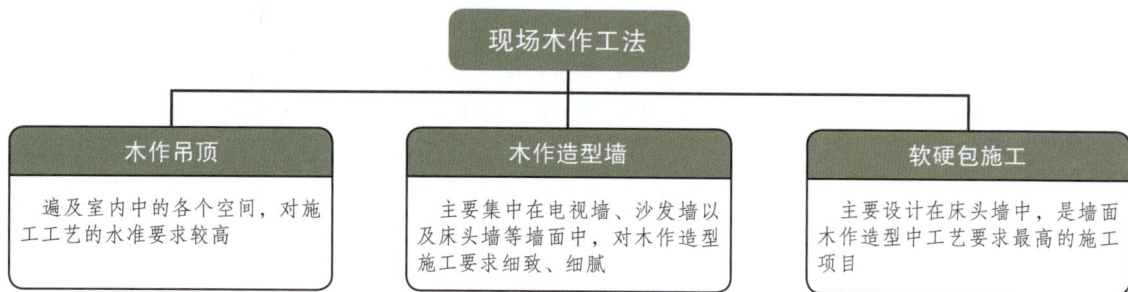

图4-38　现场木作工法的内容

贴在底板上；而软包施工是一种在室内墙表面用柔性材料加以包装的墙面装饰方法，其不仅质地柔软、色彩柔和，能够柔化空间的整体氛围，而且具有阻燃、隔声、防潮、防霉、防静电、防撞的功能。

4.3.1.1　木作吊顶

木作吊顶是木工在现场施工中的重要项目之一，木作吊顶施工对工法的要求较高，有一定的顺序要求和平整度要求，在施工的过程中，应不断地进行施工检查。如图4-39所示，木作吊顶施工的重点在骨架的安装和石膏板的连接上，要求骨架安装牢固，石膏板缝隙均匀。

木作吊顶施工流程概要如图4-40所示。

图4-39　木作吊顶施工

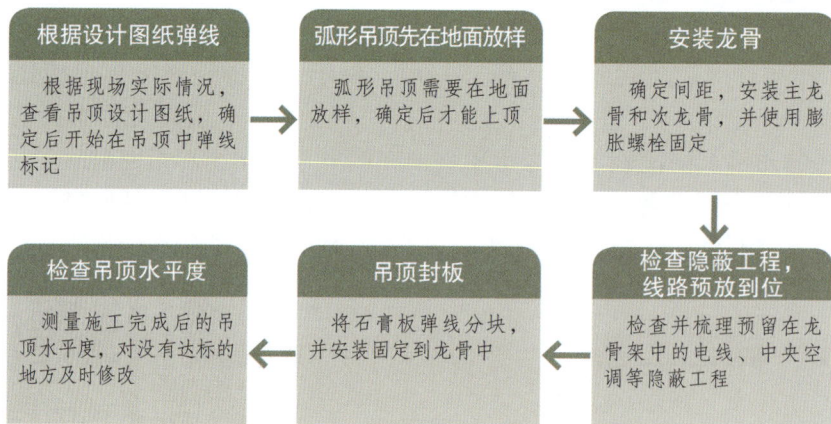

图4-40　木作吊顶施工流程概要

木作吊顶施工步骤详解如下。

步骤一：根据设计图纸弹线

（1）熟悉图纸，检查现场实际情况。了解图纸中吊顶的长、宽和下吊距离，然后结合现场实际情况，判断照图施工是否具有困难，若发现不能施工处，应及时解决。

（2）弹基准线。如图4-41所示，采用水平管抄出水平线，用墨线弹出基准线。对局部吊顶房间，如原天棚不水平，则吊顶是按水平做或顺原天棚做，应

图4-41　在吊顶中弹线

在征求设计人员意见后再由业主确定。

步骤二：弧形吊顶先在地面放样

如图4-42所示，为顶面中的弧形吊顶放样。对于弧型顶面造型，应先在地面放样，确定无误后方能上顶，保证线条流畅。

步骤三：安装龙骨

（1）吊顶主筋和间距设置。吊顶主筋不低于3cm×5cm木龙骨，间距为300mm，必须使用1mm×8mm膨胀螺栓固定，约1m²使用一个。

（2）安装膨胀螺栓。膨胀螺栓应尽量打在预制板板缝内，膨胀螺栓的螺母应与木龙骨压紧。

（3）安装主龙骨和次龙骨。如图4-43所示，吊顶主龙骨采用20mm×40mm木龙骨，用8mm×8mm的膨胀螺栓与原结构楼板固定，孔深规定不能超过60mm。每平方米不少于3个膨胀螺栓，次龙骨为20mm×40mm木龙骨。主龙骨与次龙骨拉吊采用20mm×40mm木方连接，所有的连接点必须使用铁或自攻螺钉合理固定，不允许单独使用射枪钉固定。

（4）拉吊必须混用垂吊、斜吊两种。吊杆与主次龙骨接触处必须涂胶，靠墙的次龙骨必须每隔800mm固定一个膨胀螺栓。

步骤四：检查隐蔽工程，线路预放到位

（1）封板之前检查。吊顶骨架封板前必须检查各隐蔽工程的合格情况（包括水电工程、墙面楼板等是否有隐患或有残缺情况）。

（2）检查龙骨架和中央空调。检查龙骨架的受力情况，灯位的放线是否影响封板等。中央空调的室内盘管工程由中央空调专业人员到现场试机检查合格。

（3）检查龙骨架底面。检查龙骨架底面是否水平，误差要求小于1‰，超过5m拉通线，最大误差不能超过5mm，厨卫镶嵌式灯具必须打架子。

步骤五：吊顶封板

（1）石膏板弹线分块。如图4-44所示，使用纸面石膏板前必须弹线分块，封板时相邻板留缝3mm，使用专用螺钉固定，沉入石膏板0.5～1mm，钉距为15～17mm。应从板中间向四边固定，不得多点同时作业。板缝交接处必须有龙骨。

（2）5厘板弹线分块。封5厘板前必须根据龙骨架弹线分块，确保码钉钉在龙骨架上面，5厘板与龙

图4-42　顶面中的弧形吊顶放样

图4-43　安装吊顶龙骨

图4-44　石膏板封板

骨架接触部位必须涂胶，接缝处必须在龙骨中间，封3厘板时底面必须涂满胶水后贴在5厘板上，用码钉固定，与5厘板的接缝必须错开，3厘板间留2~3cm的缝。

（3）预留出灯具线头。安装封板时，注意灯具线路拖出顶面，依照施工图在罩面板上弹线定出筒灯位置，拖出线头。

步骤六：检查吊顶水平度

检查整面的水平度是否符合要求。拉通线检查误差不超过5mm，2m靠尺检查误差不超过2mm，板缝接口处高低差不超过1mm。

4.3.1.2　木作造型墙

木作造型墙可设计出各种样式，如圆形、方形等，这主要是因为木材施工的可塑性强。如图4-45所示，木作造型施工时，应严格遵循图纸尺寸，并在支架结构上加固安装，以防止当表面粘贴石材等材料时，出现晃动等情况。

图4-45　木作造型墙施工

木作造型墙施工流程概要如图4-46所示。

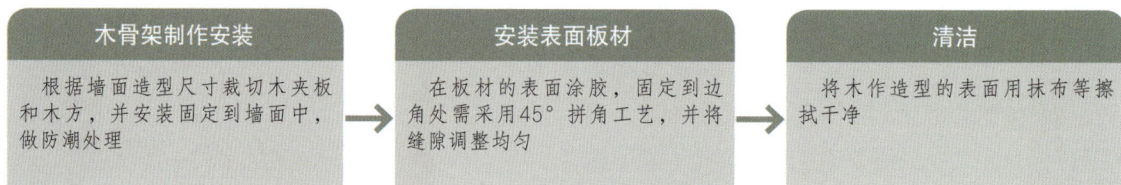

木骨架制作安装	安装表面板材	清洁
根据墙面造型尺寸裁切木夹板和木方，并安装固定到墙面中，做防潮处理	在板材的表面涂胶，固定到边角处需采用45°拼角工艺，并将缝隙调整均匀	将木作造型的表面用抹布等擦拭干净

图4-46　木作造型墙施工流程概要

木作造型墙施工步骤详解如下。

步骤一：木骨架制作安装

（1）裁切木夹板和木方。根据图纸设计尺寸、造型，裁切木夹板和木方，将木方制作成框架，用钉子钉好。

（2）固定框架到墙面中。将框架钉在墙面的预埋木砖上，没有预埋木砖的，就钻孔打入木楔或塑料胀管，安装牢固框架。

（3）对板材进行防潮处理。所有木方和木夹板均应先进行防潮、防火、防虫处理，然后将木夹板用白乳胶和加钉钉装于框架上，必须牢固、无松动，基架必须带线、吊线调平，做到横平竖直。

步骤二：安装表面板材

（1）根据设计选择饰面板。如图4-47所示，将面板按照尺寸裁切好，在基架面和饰面板背面涂刷胶黏剂，必须涂刷均匀，静置数分钟后粘贴牢固，不得有离胶现象。

（2）转角处采用45°拼角。在没有木线掩盖的转角处，必须采用45°拼角，对于木饰面要求拼纹路的，按照图纸拼接好。

（3）处理缝隙宽窄一致。如果是空缝或密缝的，按设计要求，空缝的缝宽应一致且顺直，密缝的拼缝紧密，接缝顺直，在有木线条的地方，按设计所选择木线条，钉装牢固，钉帽凹入木面1mm左右，不得外露。

步骤三：清洁

如图4-48所示，将多余的胶水及时清理擦净，清除表面污物。

图4-47 按照设计裁切面板

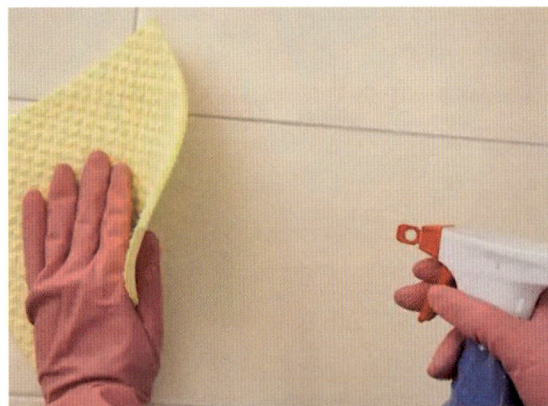

图4-48 清洁完成后的墙面

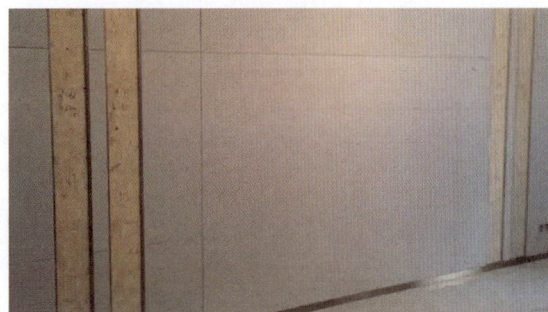

4.3.1.3 软硬包施工

软硬包施工的重点在于基层处理，以及软硬包面层的安装中。如图4-49所示，在基层施工中软硬包面积的长宽比需先计算好，并分配出若干个软硬包块，避免出现大小不一致的软硬包块。软包墙面所用填充材料、纺织面料、木龙骨、木基层板等均应进行防火处理。同时，软包布面与压线条、贴脸线、踢脚板、电气盒等交接处应严密、顺直、无毛边。电器盒盖等开洞处的套割尺寸应准确。

软硬包施工流程概要如图4-50所示。

图4-49 软硬包施工

基层处理	安装木龙骨	安装三合板	安装软硬包面层
清理墙面基层，并做防潮处理，涂刷防腐涂料	确定木龙骨的间距，然后开始安装固定木龙骨骨架和木楔	先在三合板表面涂刷防火涂料，然后将三合板固定到木龙骨上	根据形状切割九合板和泡沫塑料块，然后安装软硬包面层

图4-50 软硬包施工流程概要

软硬包施工步骤详解如下。

步骤一：基层处理

墙面基层应涂刷清油或防腐涂料，严禁用沥青油毡做防潮层。

步骤二：安装木龙骨

（1）安装木龙骨。如图4-51所示，木龙骨纵向间距为400mm，横向间距为300mm；门框纵向正面设双排龙骨孔，距墙边为100mm，孔直径为14mm，深度不小于40mm，间距为250～300mm。

（2）安装木楔并做防腐处理。木楔应做防腐处理且不削尖，直径应略大于孔径，钉入后端部与墙面齐平；如墙面上安装开关插座，在铺钉木基层时，应加钉电器盒框格。最后，用靠尺检查龙骨面的垂直度和平整度，偏差应不大于3mm。

步骤三：安装三合板

如图4-52所示，在铺钉三合板前，应在板背面涂刷防火涂料。木龙骨与三合板的接触面应抛光，使其平整。用气钉枪将三合板钉在木龙骨上，三合板的接缝应设置在木龙骨上，钉头应埋入板内，使其牢固平整。

步骤四：安装软硬包面层

（1）切割九合板。在木基层上画出墙面、柱面上软硬包的外框及造型尺寸，并按此尺寸切割九合板，按线拼装到木基层上。其中九合板钉出来的框格即为软硬包的位置，其铺钉方法与三合板相同。

（2）裁切出泡沫塑料块。按框格尺寸，裁切出泡沫塑料块，用建筑胶黏剂将泡沫塑料块粘贴于框格内。

（3）安装软硬包面层。如图4-53所示，将裁切好的织锦缎连同保护层用的塑料薄膜覆盖在泡沫塑料块上，用压角木线压住织锦缎的上边缘。在展平织锦缎后，用气钉枪钉牢木线，然后绷紧展平的织锦缎，钉其下边缘的木线。最后，用锋刀沿木线的外缘裁切下多余的织锦缎与塑料薄膜。

图4-51　安装木龙骨

图4-52　安装三合板

图4-53　安装软硬包面层

4.3.2　柜体工法

柜体工法是指有关衣帽柜、橱柜、装饰柜、鞋柜等柜体在室

木质家具制作1

木质家具制作2

内制作和安装的工艺工法。其主要分为两个部分：一部分是现场制作柜体的工艺工法，如现场木质柜；另一部分是成品柜体在现场的组装工法，如板式家具组装、橱柜制作安装等。其中，现场木质柜对施工工艺要求较高，较为复杂。其原料主要是采用实木或人造板，前者高端耐用，但价格较高，后者材质轻盈，价格适中。零部件之间主要采取榫、胶、钉、螺钉、连接件等多种接合方式构成。板式家具、橱柜制作安装则拥有固定的施工顺序和组装配件，只要按照步骤一步一步安装即可。板式家具以及橱柜制作安装不仅节省天然木材、提高木材的利用率，能够减少翘曲、变形，改善产品的质量，而且简化了生产工艺，便于实现机械化、流水线的生产。其造型新颖质朴、装饰丰富多彩，并且拆装简单，利于销售和使用。因此这种定制家具的形式被广泛应用于人们的日常生活中。柜体工法的内容如图4-54所示。

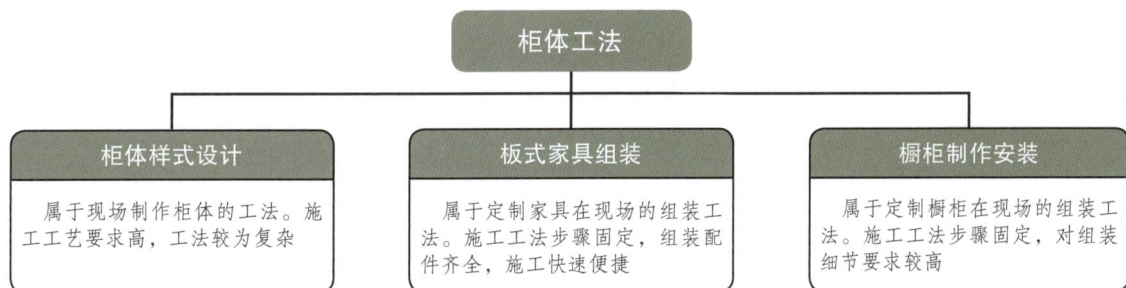

```
                        ┌──────────────┐
                        │   柜体工法    │
                        └──────────────┘
        ┌───────────────────┼───────────────────┐
┌──────────────┐   ┌──────────────┐   ┌──────────────┐
│  柜体样式设计  │   │  板式家具组装  │   │  橱柜制作安装  │
├──────────────┤   ├──────────────┤   ├──────────────┤
│ 属于现场制作柜  │   │ 属于定制家具在  │   │ 属于定制橱柜在  │
│ 体的工法。施工  │   │ 现场的组装工    │   │ 现场的组装工    │
│ 工艺要求高，工  │   │ 法。施工工法步  │   │ 法。施工工法步  │
│ 法较为复杂      │   │ 骤固定，组装配  │   │ 骤固定，对组装  │
│                │   │ 件齐全，施工快  │   │ 细节要求较高    │
│                │   │ 速便捷          │   │                │
└──────────────┘   └──────────────┘   └──────────────┘
```

图4-54　柜体工法的内容

4.3.2.1　现场木质柜

现场木质柜是指在施工现场，根据实际情况制作而成的柜体，是考验木工施工技术的一项重点工法。现场柜体制作和安装要在吊顶及墙面木作施工完成后进行。如图4-55所示，在制作现场柜体之前，需要清理出空地，用于大型板材的切割作业。在具体的施工过程中，对于现场木质柜，需要把控好尺寸以及柜体的深度、高度等。

图4-55　现场木质柜施工

现场木质柜施工流程概要如图4-56所示。

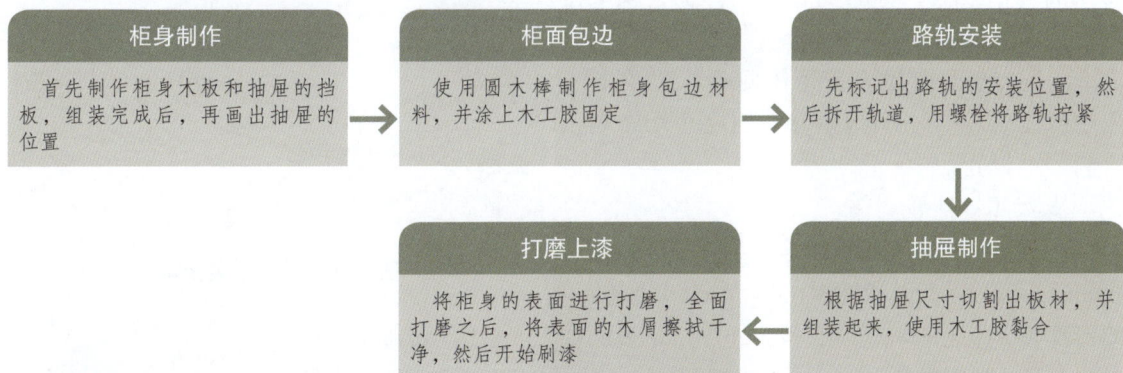

```
┌──────────────┐    ┌──────────────┐    ┌──────────────┐
│   柜身制作    │───▶│   柜面包边    │───▶│   路轨安装    │
├──────────────┤    ├──────────────┤    ├──────────────┤
│ 首先制作柜身木  │    │ 使用圆木棒制作  │    │ 先标记出路轨的  │
│ 板和抽屉的挡    │    │ 柜身包边材料，  │    │ 安装位置，然    │
│ 板，组装完成后，│    │ 并涂上木工胶固  │    │ 后拆开轨道，用  │
│ 再画出抽屉的    │    │ 定              │    │ 螺栓将路轨拧紧  │
│ 位置          │    │                │    │                │
└──────────────┘    └──────────────┘    └──────────────┘
                                                  │
┌──────────────┐    ┌──────────────┐             ▼
│   打磨上漆    │◀───│   抽屉制作    │
├──────────────┤    ├──────────────┤
│ 将柜身的表面进  │    │ 根据抽屉尺寸切  │
│ 行打磨，全面    │    │ 割出板材，并    │
│ 打磨之后，将表  │    │ 组装起来，使用  │
│ 面的木屑擦拭干  │    │ 木工胶黏合      │
│ 净，然后开始刷漆│    │                │
└──────────────┘    └──────────────┘
```

图4-56　现场木质柜施工流程概要

现场木质柜施工步骤详解如下。

步骤一：柜身制作

（1）制作柜身木板和抽屉挡板。图4-57所示为柜身制作步骤。通常活动柜的柜身采用松木板，抽屉内身采用密度板。首先制作2块77cm×50cm×1.5cm的柜身木板，然后制作8块45cm×12cm×1.5cm的松木抽屉挡板。

（2）画出抽屉位置。在柜身面板上画出安装抽屉的位置，并在上面制作圆木榫，最后把8块抽屉挡板组合在柜身面板上，形成一个活动柜的柜身。

步骤二：柜面包边

（1）制作木松板柜面。如图4-58所示，柜身做好后，再制作一块45cm×50cm×1.5cm的松木板，用作活动柜的柜面。如果没有这么大的整块松木板，可以先用圆木榫拼接而成，然后把柜面板固定在柜身上面。

（2）圆木棒镶嵌柜边。用圆木棒镶嵌柜边，圆木棒直径约2cm，按要求切割2根50cm和1根45cm的圆木棒。然后在衔接处切除45°的接口，并在内侧涂上木工胶，安装上即可。

步骤三：路轨安装

（1）标记抽屉路轨的位置。如图4-59所示，用直尺在抽屉口上方1.5cm处标出抽屉路轨的位置，然后根据路轨的规格标出安装螺栓孔的标记。

（2）拆开轨道。把轨道拆开，窄的安装在抽屉框架上，宽的安装在柜体上，安装时，注意要分清前后。

（3）拧上螺栓。在柜体侧板上的螺栓孔中拧上螺栓，一个路轨分别用两个小螺栓一前一后固定。

步骤四：抽屉制作

（1）制定抽屉面板组合。抽屉是由2块46cm×13cm×1.5cm和1块41cm×13cm×1.5cm的密度板，加上一块抽屉底板，外加松木板的抽屉面板组合而成的。

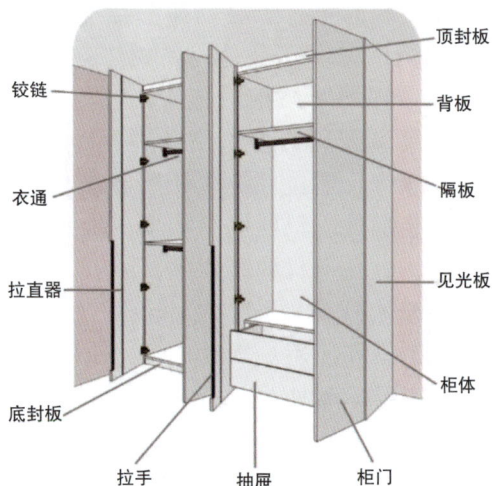

图4-57　柜身制作步骤

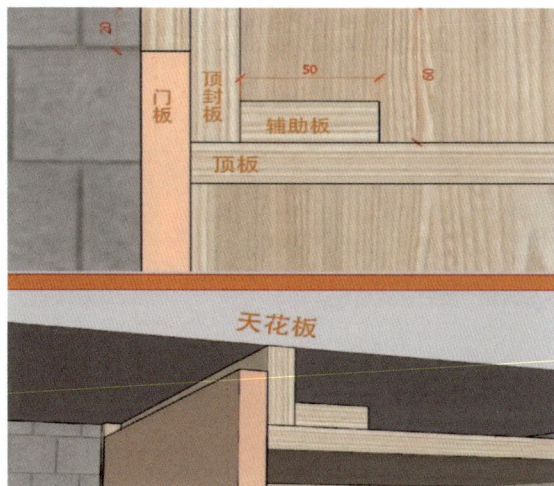

图4-58　柜面包边图解

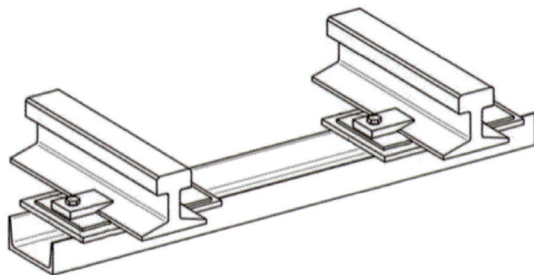

图4-59　路轨安装步骤

（2）制作抽屉屉身。如图4-60所示，首先用密度板制作好抽屉屉身，接口上涂上木工胶，然后安装松木面板，并在接口上安装直角固定卡。如果条件允许，也可以采用松木板（或者更好的实木），然后用燕尾榫衔接，这样工艺更加精致，并且牢固。

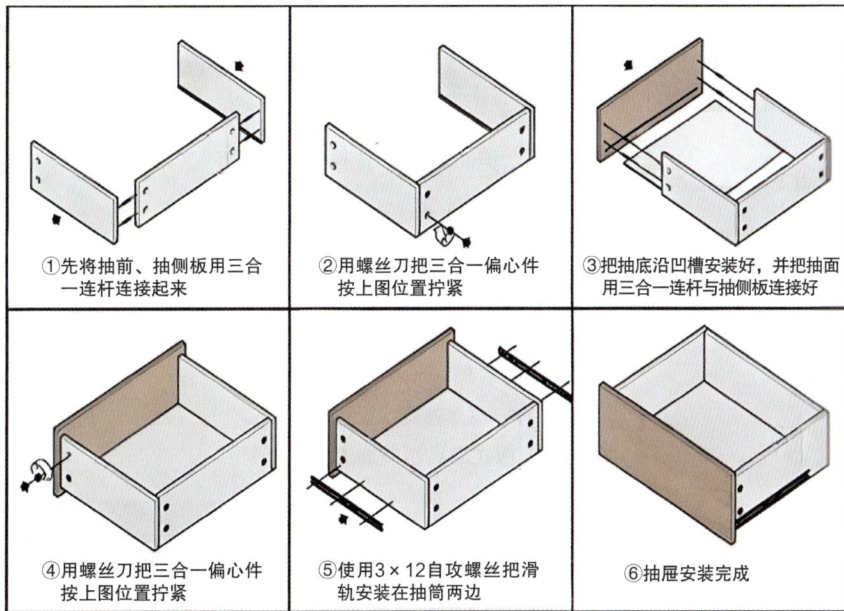

①先将抽前、抽侧板用三合一连杆连接起来

②用螺丝刀把三合一偏心件按上图位置拧紧

③把抽底沿凹槽安装好，并把抽面用三合一连杆与抽侧板连接好

④用螺丝刀把三合一偏心件按上图位置拧紧

⑤使用3×12自攻螺丝把滑轨安装在抽筒两边

⑥抽屉安装完成

图4-60　抽屉制作步骤

步骤五：打磨上漆

（1）柜身打磨。如图4-61所示，在打造活动柜前，先对柜子进行打磨。砂纸有粗砂纸和细砂纸，先用粗砂纸，到一定程度后再用细砂纸，以达到最终要求。

图4-61　柜身打磨上漆

（2）柜身刷漆。在上油前一定要把打磨木料时浮在木料表面的木屑清理干净，用有一点点潮的棉布擦，然后就可以打底漆和刷面漆。

4.3.2.2　板式家具组装

板式家具是指仅需要组装的吊柜、壁柜和固定家具等。这类家具的安装工序简单、易操作，只要按照步骤安装即可。板式家具的板材都是在工厂已经加工好了的，不需要在现场二次加工，并且已经预留好配件安装的孔洞。在板式家具的组装过程中，只需按照要求将配件和板材柜身连接牢固即可，如图4-62所示。

图4-62　板式家具组装施工

板式家具组装施工流程概要如图4-63所示。

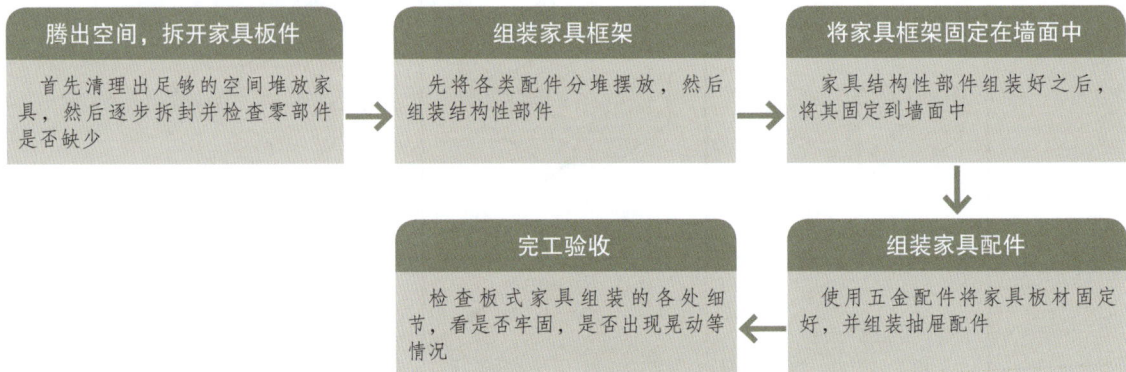

腾出空间，拆开家具板件	组装家具框架	将家具框架固定在墙面中
首先清理出足够的空间堆放家具，然后逐步拆封并检查零部件是否缺少	先将各类配件分堆摆放，然后组装结构性部件	家具结构性部件组装好之后，将其固定到墙面中

完工验收	组装家具配件
检查板式家具组装的各处细节，看是否牢固，是否出现晃动等情况	使用五金配件将家具板材固定好，并组装抽屉配件

图4-63　板式家具组装施工流程概要

板式家具组装工法步骤详解如下。

步骤一：腾出空间，拆开家具板件

（1）清理空间。板式家具的体形较大，因此在安装之前，需要空出足够的空间用于组装家具。一般组装地点选择在客厅或卧室的中央。

（2）拆封并检查零部件。如图4-64所示，拆开家具板件，检查零部件是否缺少、是否有损坏等问题，并及时解决。在拆开板式家具时，一定要先拆除小件，也就是一些辅助性的东西，然后拆除大的框架，防止大的部分散掉从而损坏小件部分。

步骤二：组装家具框架

（1）各类配件分类摆放。将家具大、小配件分类摆放，结构性部件摆放在一起，小部件摆放在一起，用于安装固定的螺钉等五金件摆放在一起。

（2）组装结构性部件。以最大的板材（通常为背板、侧边）为中心进行组装。一边组装，一边用螺钉等五金件固定。安装时需注意应先预装，再固定，避免拆改对家具造成损坏。

步骤三：将家具框架固定在墙面中

如图4-65所示，将组装好的家具框架固定在安装位置上，注意与墙面贴合严密，并采用膨胀螺栓固定。

步骤四：组装家具配件

（1）组装家具配件。家具配件按照从大到小的原则安装，先安装家具内的横竖隔板，再安装抽屉等配件。

（2）组装五金件和抽屉配件。如图4-66所

图4-64　拆封并检查家具零部件

图4-65　用膨胀螺栓固定家具框架

示，五金配件与抽屉等配件同时安装，等抽屉组装好之后，再安装滑轨、把手，然后将抽屉固定到家具中。

　　步骤五：完工验收

　　如图4-67所示，摇晃家具，检查家具是否有晃动的迹象，固定是否牢固。对于悬挂在墙面中的板式家具，应拉拽测试膨胀螺栓的固定效果。

图4-66　组装并固定五金配件

图4-67　完工验收板式家具

4.3.2.3　橱柜制作安装

　　橱柜制作安装是指橱柜的定制、制作以及现场安装的施工工法。如图4-68所示，在橱柜采用成品定制的情况下，木工不需要掌握橱柜板材的切割方法，但需要掌握成品橱柜进场后的组装工法。不同于板式家具，橱柜的制作安装同时涉及台面和水槽的安装，因此对施工细节要求较高。

　　橱柜制作安装施工流程概要如图4-69所示。

图4-68　橱柜现场安装

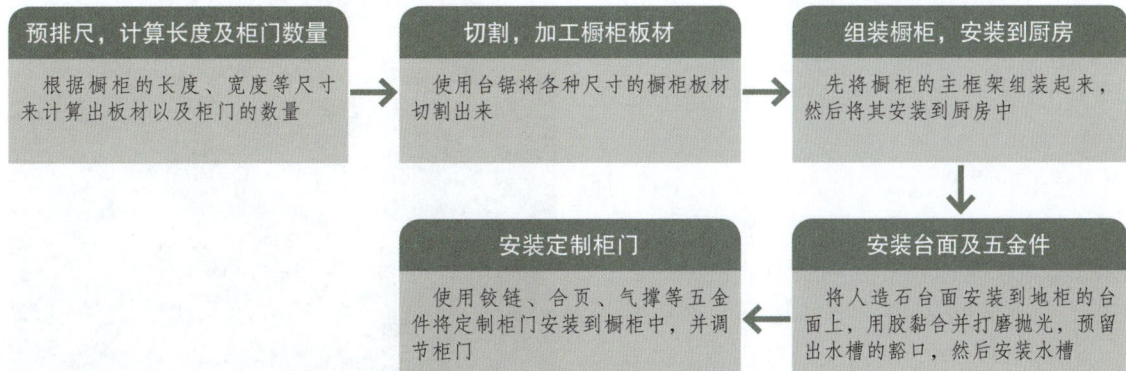

预排尺，计算长度及柜门数量	切割，加工橱柜板材	组装橱柜，安装到厨房
根据橱柜的长度、宽度等尺寸来计算出板材以及柜门的数量	使用台锯将各种尺寸的橱柜板材切割出来	先将橱柜的主框架组装起来，然后将其安装到厨房中

安装定制柜门	安装台面及五金件
使用铰链、合页、气撑等五金件将定制柜门安装到橱柜中，并调节柜门	将人造石台面安装到地柜的台面上，用胶黏合并打磨抛光，预留出水槽的豁口，然后安装水槽

图4-69　橱柜制作安装施工流程概要

橱柜制作安装施工步骤详解如下。

步骤一：预排尺，计算长度以及柜门数量

（1）计算橱柜尺寸。通过预排尺计算出橱柜的长度、宽度和弯角位置等，将数据提供给石材厂家定制人造石台面。

（2）计算柜门数量。通过橱柜的长度计算需要的柜门数量，通知厂家定制柜门。对于柜门可以选择免漆板、烤漆玻璃和实木等材料。

步骤二：切割，加工橱柜板材

如图4-70所示，计算出橱柜竖板、横板以及隔板的数量和尺寸，然后使用台锯切割出来，准备接下来的组装。

图4-70 橱柜板材

步骤三：组装橱柜，安装到厨房

（1）组装橱柜板材。如图4-71所示，使用生态钉或地板钉将橱柜板材钉在一起，每相邻两块板材之间至少需要钉3个钉子，以保证橱柜的稳固度。

图4-71 组装橱柜，安装到位

（2）安装到厨房。橱柜组装好之后，将橱柜移动安装到厨房，贴近墙面，与墙面之间不能留有缝隙。

步骤四：安装人造石台面以及水槽等五金件

（1）安装人造石台面。如图4-72所示，先将人造石台面扣在橱柜板材上，然后使用玻璃胶涂抹在台面和墙面的接缝处。

（2）安装水槽。将水槽安装在人造石台面的豁口里面，使用玻璃胶固定，并安装水槽的下水管道。

图4-72 安装人造石台面及水槽

步骤五：安装定制柜门

（1）安装铰链。如图4-73所示，橱柜铰链选用数量要根据实际安装情况来确定，门板配用的铰链数量取决于门板的宽度和高度、门板的重量、门板的材质。

（2）调节门板。通过松开铰座上的固定螺钉，前后滑动铰臂位置，有2.8mm的调节范围。调节完毕后，必须重新拧紧螺钉。

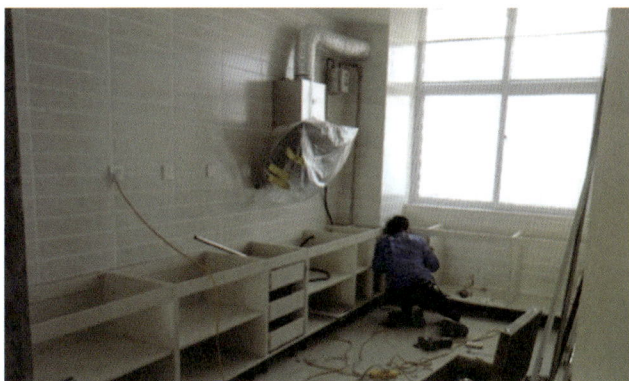

图4-73　安装橱柜门板

4.3.3　木地板工法

木地板工法是指木地板的铺装施工，共有三种不同的工艺，分别是悬浮铺设法、龙骨铺设法和直接铺设法（图4-74）。三种木地板铺贴工艺各有优势，视具体的空间情况来选择施工方式。从施工难易程度上来讲，直接铺设法相对简单，但对地面的平整度有较高的要求，龙骨铺设法和悬浮铺设法则相对复杂。安装木地板前，施工地面必须保持清洁，做到地面平整和干净。使用龙骨铺设法时，龙骨必须干燥，其含水率需在17%以下。如果地面潮湿，则需进行防潮处理，同时木地板背面要涂刷一层防潮保护漆，特别是与厨房、卫生间相接的部分，背板侧面也要涂漆保护和进行防潮隔断处理。新建住宅的地面要用防潮涂料涂刷做防潮隔离处理。施工时地板横向靠墙的部分需留10mm左右的缝隙，以方便气候变化时地板伸缩。近窗近阳台处应避免阳光强烈暴晒，以免地板因暴晒而产生变化。

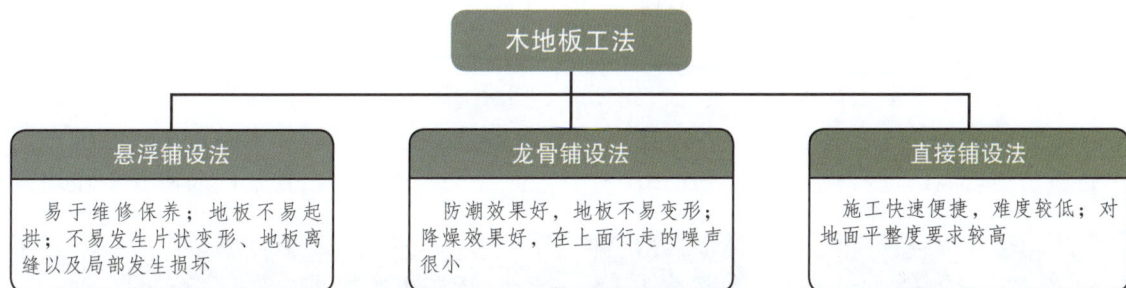

```
木地板工法
├── 悬浮铺设法
│   易于维修保养；地板不易起拱；不易发生片状变形、地板离缝以及局部发生损坏
├── 龙骨铺设法
│   防潮效果好，地板不易变形；降燥效果好，在上面行走的噪声很小
└── 直接铺设法
    施工快速便捷，难度较低；对地面平整度要求较高
```

图4-74　木地板工法的内容

4.3.3.1　悬浮铺设法

悬浮铺设法是把地面找至水平以后，铺上防潮膜，在防潮垫上直接铺装地板的方法，一般适合强化地板和实木复合地板使用，如图4-75所示。悬浮铺设法最大的优点在于它不使用胶将地板固定在地面上，地板的榫槽之间也可以不用胶，因此不必担心胶中含有的甲醛等成分造成室内污染。由于地板都是悬浮于地面拼接而

图4-75　木地板悬浮铺设

成的，因此当地板离缝或局部不慎损坏时，易于修补更换；在搬家或意外跑水地板遭浸泡后，拆除干燥过的地板依然可进行二次铺装，十分节省成本。

悬浮铺设法施工流程概要如图4-76所示。

铺设地垫	铺设地板
将地垫铺设平整，不可有凸起、重叠等问题	先检查地板，将色差较为明显的地板替换掉，然后开始正式铺设地板

图4-76　悬浮铺设法施工流程概要

悬浮铺设法施工步骤详解如下。

步骤一：铺设地垫

如图4-77所示，铺设时，地垫间不能重叠，接口处用60mm的宽胶带密封、压实，地垫需要铺设平直，墙边上引30～50mm，低于踢脚线高度。

步骤二：铺设地板

（1）预铺分选。如图4-78所示，检查实木地板色差，按深、浅颜色分开，尽量规避色差，先预铺分选。色差太大的，应考虑退回厂家。

图4-77　铺设地垫

图4-78　铺设地板

（2）按照一定的顺序开始铺设。从左向右铺设地板，母槽靠墙，加入专用垫块。预留8～12mm的伸缩缝进行正式铺装地板。

4.3.3.2　龙骨铺设法

龙骨铺设法是在地面中铺钉龙骨，先用钉子等距离固定好龙骨的位置，然后在龙骨上铺设地板的一种施工工法。如图4-79所示，龙骨铺设法适用于实木地板和复合地板，要求地板具有较高的抗弯强度。龙骨铺设法有对地面找平的作用，对地板的防潮保护作用很

图4-79　木地板龙骨铺设

强，脚感好，方便维修，但施工工期略长。

龙骨铺设法施工流程概要如图4-80所示。

龙骨铺设法施工步骤详解如下。

步骤一：安装木龙骨

（1）确认安装方向。首先确定木龙骨的安装方向，需要和地板垂直安装。即空间内的地板计划横着铺设，则木龙骨则需要纵向铺设。

（2）固定木龙骨。如图4-81所示，木龙骨使用钢钉直接钉在水泥地面，并确保木龙骨彼此之间的间距一致，保持在300mm左右。

步骤二：铺装木地板

（1）铺装毛地板。毛地板铺设在龙骨上，每排之间要留有一定的空隙，用铁钉或是螺钉在毛地板和龙骨间固定并找平。毛地板可以铺设成斜角为30°或45°，这样可以减少应力。

（2）铺装面层地板。如图4-82所示，将面层地板直接铺装在毛地板上，并固定牢固。

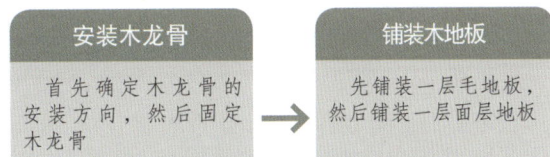

安装木龙骨	铺装木地板
首先确定木龙骨的安装方向，然后固定木龙骨	先铺装一层毛地板，然后铺装一层面层地板

图4-80　龙骨铺设法施工流程概要

图4-81　安装固定木龙骨

图4-82　铺装面层地板

4.3.3.3　直接铺设法

直接铺设法是将地板直接铺设在地面的一种施工工法，如图4-83所示。直接铺设法对地面要求很高，需要地面平整，而且前期也要先经过几道工序的处理，然后铺装。这种方法一般适用于长度在350mm以下的实木地板和软木地板的铺设，但实木地板很少用这样的铺设方法。

直接铺设法施工流程概要如图4-84所示。

直接铺设法施工步骤详解如下。

步骤一：基层处理

（1）地面找平。地面的水平误差不能超过2mm，超过则需要找平。如果地面不平整，不但会导致踢脚线有缝隙，整体地板也会因此不平整，并且有异响，还严重影响地板质量。

图4-83　木地板直接铺设

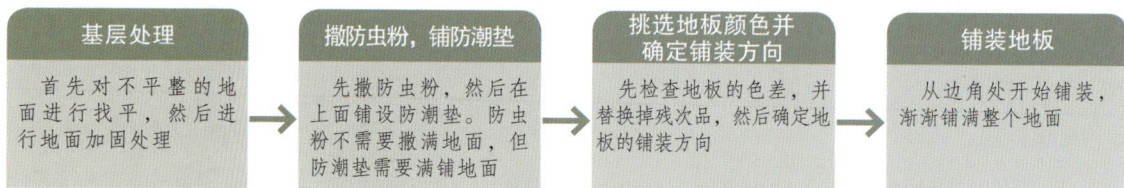

基层处理	撒防虫粉，铺防潮垫	挑选地板颜色并确定铺装方向	铺装地板
首先对不平整的地面进行找平，然后进行地面加固处理	先撒防虫粉，然后在上面铺设防潮垫。防虫粉不需要撒满地面，但防潮垫需要满铺地面	先检查地板的色差，并替换掉残次品，然后确定地板的铺装方向	从边角处开始铺装，渐渐铺满整个地面

图4-84　直接铺设法施工流程概要

（2）基层加固处理。如图4-85所示，对问题地面进行修复，形成新的基层，避免因为原有基层空鼓和龟裂而引起地板起拱。

步骤二：撒防虫粉，铺防潮垫

（1）撒防虫粉。防虫粉主要起到防止地板起蛀虫的作用。防虫粉不需要满撒地面，可呈U字形铺撒，间距保持在400～500mm即可。

图4-85　基层加固处理

（2）铺设防潮垫。防潮垫主要起到防止地板发霉变形等作用。如图4-86所示，防潮垫要满铺地面，甚至在重要的部分可铺设两层防潮垫。

步骤三：铺装地板

（1）确定起始铺装位置。从边角处开始铺装，先顺着地板的纵向铺设，再并列横向铺设。用钉打在板的四侧边上，钉数长边一边为4颗，短边一边为2颗，可多不可少。

图4-86　铺设防潮垫

（2）固定地板。如图4-87所示，铺设地板时不能太过用力，否则拼接处会凸起来。在固定地板时，要注意地板是否有端头裂缝、相邻地板高差过大或者拼板缝隙过大等问题。

图4-87　固定地板

4.3.4 木作安装工法

木作安装工法是指一些涉及木工安装工程的施工项目，其中主要包括门窗安装以及楼梯制作安装两种（图4-88）。门窗安装主要是指套装门、推拉门、防盗门以及户外窗的安装。其中，套装门在实际施工中安装数量较多，有3～6套，推拉门有1～2套，防盗门和户外窗则视具体情况而定。木门窗的安装应注意其加工制作的型号、数量及加工质量必须符合要求，有出厂合格证，且木门窗制作时的含水率不应超过12%。在安装完成后，打玻璃胶的工序也不能疏忽，尤其是对于户外窗来说，稍有不慎就会发生渗水漏风的情况。楼梯制作安装是指楼梯在现场的制作及安装工法，对于木工来说，木制楼梯的安装工法尤其重要，对施工技术水平要求较高。木楼梯安装时应注意楼梯的坡度，室内楼梯的坡度一般为20°～45°，最佳坡度为30°。除此之外还应注意木楼梯的安装位置与结构形式。细节方面一定要合理，要观察立柱是否太矮，由此导致栏杆无法发挥保护作用，通常立柱的高度范围应为820～950mm。此外，还应注意楼梯的底梁是怎样制成的，其受重如何，切记不要只注意外表。

木作安装工法

木门窗安装	楼梯制作安装
套装门、推拉门、防盗门、户外窗	要求具有较高稳定性与牢固度，楼梯坡度徐缓舒适

图4-88 木作安装工法

4.3.4.1 木门窗安装

木门窗安装主要指室内的套装门（图4-89）、推拉门以及防盗门和户外窗的安装工法。其中，套装门以及推拉门的实际安装数量较多，防盗门以及户外窗的安装数量较少。从难易程度上区分，户外窗的安装施工更复杂和危险，推拉门的安装则较为简单迅速。

木门窗安装施工流程概要如图4-90所示。

图4-89 套装门安装

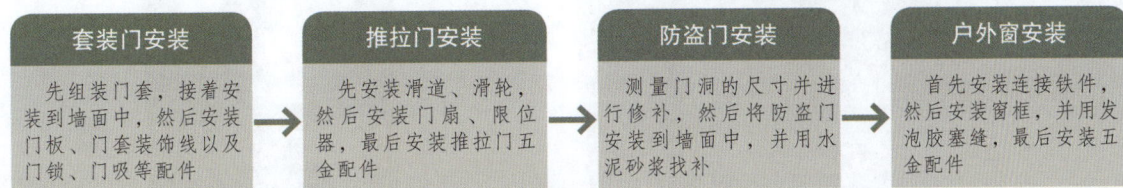

套装门安装	推拉门安装	防盗门安装	户外窗安装
先组装门套，接着安装到墙面中，然后安装门板、门套装饰线以及门锁、门吸等配件	先安装滑道、滑轮，然后安装门扇、限位器，最后安装推拉门五金配件	测量门洞的尺寸并进行修补，然后将防盗门安装到墙面中，并用水泥砂浆找补	首先安装连接铁件，然后安装窗框，并用发泡胶塞缝，最后安装五金配件

图4-90 木门窗安装施工流程概要

木门窗安装施工类型详解如下。

类型一：套装门安装

（1）组装门套。如图4-91所示，门套横板压在两竖板之上，然后根据门的宽度确定两竖板的内径，比如门宽为800mm，两竖板的内径应该是808mm。内径确定后，开始用钉枪固定，可选用50mm钢钉直接用枪打入。左右两面固定好后，可用刀锯在横板与竖板连接处开出一个贯通槽（方便线条顺利通上去）。请注意门套的正、反两面均须开贯通槽，开好后，由两人抬起，将门套放入门洞。

图4-91　组装门套

（2）门套校正。如图4-92所示，先根据门的宽度截三根木条，比如门宽800mm，木条的宽度应该是808mm，取门套的上、中、下三点，将木条撑起，需注意木条的两端应垫上柔软的纸，防止校正的过程中划伤门套表面。

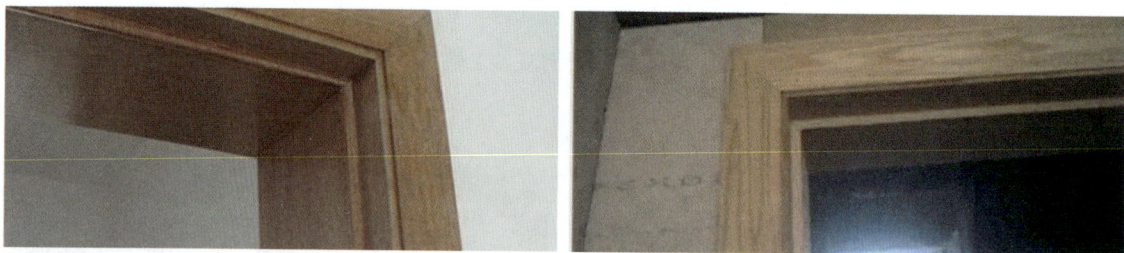

图4-92　门套校正

选门套的侧面，上、中、下三点分别打上连接片，连接片可直接固定在门套的侧面，厚32mm的门套有足够的握钉力，完全可以承重，保证连接片将门套与墙体紧紧引连，甚至不用发泡胶粘连。

先固定外侧门套部分，可选用38mm钢钉，将连接片的另一头固定在墙体上，固定时将连接片斜着固定在墙体上，这样装好线条后，可以保证连接片不外露，既牢固又美观。

（3）安装门板。如图4-93所示，固定前可将支撑木条暂时取下，方便门板出入，待

图4-93　安装门板

门安装上后再支撑起，先将合页安装在门板上，然后在门板底部垫约5mm的小板，将门板暂时固定在门套上面。

　　门板固定好后，可取下底部垫的小木板，试着将门关上，调整门左右与门套的间隙，根据需要将间隙加以调整，形成一条直线，宽3～4mm，然后依次将连接片与门套、墙体牢牢固定好。

　　（4）安装门套装饰线。如图4-94所示，切割门套装饰线条。线条入槽，入槽时为避免损坏线条，可垫上柔软的纸，用锤子从根部轻砸入，先装两边，再装中间。

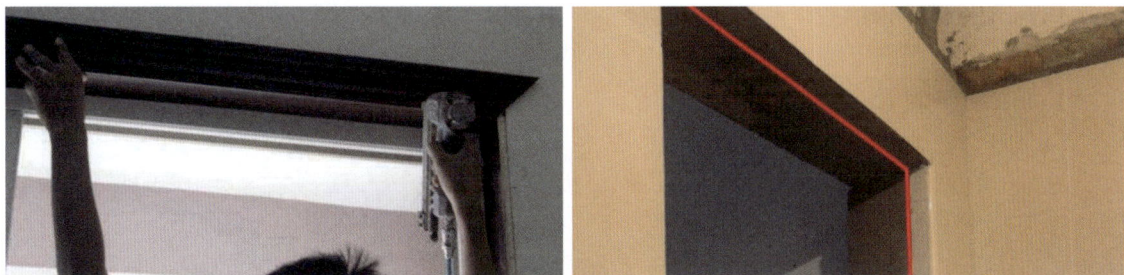

图4-94　安装门套装饰线

　　（5）安装门挡条。如图4-95所示，将门挡条切成45°斜角。将门关至合适位置，先钉门挡条横部分，再钉竖部分，独有的门挡条上自带密封条，既防震，又消音。将门挡条上的扣线涂上胶水，干后扣入门挡条上面的槽中。

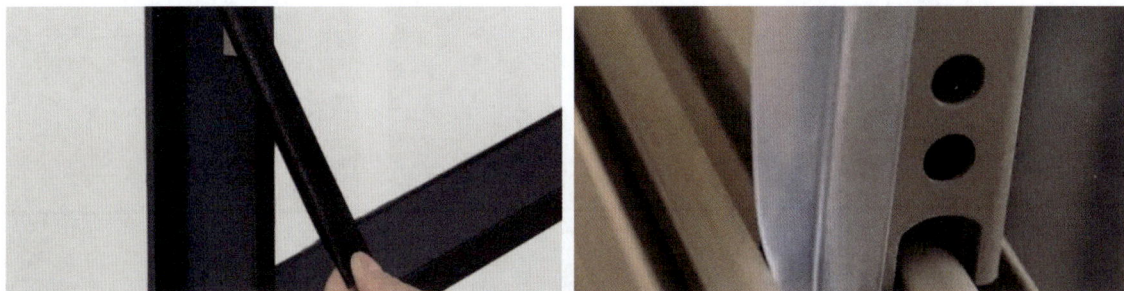

图4-95　安装门挡条

　　（6）安装门锁和门吸。如图4-96所示，从门的最下方向上测量950mm处即是锁的中心位置，左右两面皆可。门吸安装在门开启的内侧，既可固定在墙面中，也可固定在地面中。

图4-96　安装门锁和门吸

　　类型二：推拉门安装

　　（1）安装滑道。按照门洞宽度和开启方向安装滑道，以门洞宽度的中心为基准，分两边进行固定。滑道与门梁连接处的左右高度需要一致。

（2）安装滑轮以及门扇。如图4-97所示，将滑轮放入滑槽内，然后通过人工或其他吊装工具将门扇竖直地放在下方，同时将门扇上面的螺杆套入滑轮上的螺栓孔内，将其固定。

（3）安装限位器。在上滑道的底部或内部采用角钢安装限位器，焊接在距离滑轮边10mm的位置，让门扇的开启区域限制在其有效范围内。

角钢与滑轮接触处要求设置必须在20mm以上，中间可以采用硬质橡胶垫作为缓冲。

（4）安装导饼和门下限位器。导饼需要露出地面10~15mm，间距500mm。而在安装下限位器时，需要将门扇推到距外面10~20mm的位置，然后用螺栓将限位器固定住。

（5）安装推拉门五金配件。如图4-98所示，推拉门安装调整无误后，开始安装五金配件，其高度和安装位置要符合人体工程学。

类型三：防盗门安装

（1）测量门洞尺寸。先根据楼道确定开启方向，然后开始测量尺寸，门洞尺寸应大于所安装门的尺寸，并留有一定的余隙（15~30mm），方便安装时调试校正。

（2）修整门洞。若门洞尺寸不符合要求，需用铁锤、钢凿、切割机等工具切割、修平以达到安装要求。

（3）安装防盗门。如图4-99所示，安装时把防盗门放进门洞，四周用木栓塞紧，校正水平和垂直度，调试好，确定开启灵活，然后打开门扇，用电锤钻好安装孔，逐个用膨胀栓紧固好。膨胀栓钻进墙壁的深度要大于50mm，冲击电锤的钻头需和膨胀栓尺寸符合。

| 图4-97 安装门扇 | 图4-98 安装完成 | 图4-99 安装防盗门 |

（4）水泥砂浆找补。门框两侧需灌入一定量的水泥砂浆，一般达70%以上。

类型四：户外窗安装

（1）安装连接铁件。从窗框宽度和高度两端向内各标出150mm，作为第一个连接铁件的安装点，中间安装点间距不大于600mm。

安装方法是先把连接铁件与墙体成45°放入窗框背面燕尾槽内，按顺时针方向把连接件扳成直角，然后打孔旋进φ4×15mm自攻螺钉固定，严禁用锤子敲打窗框，以免损坏。

（2）安装窗框。如图4-100所示，把窗框放进洞口安装线上就位，用对拔木楔临时固定。校正正、侧面垂直度、对角线和水平度合格后，将木楔固定牢靠。

　　为防止窗框受木楔挤压变形，木楔应塞在窗角、中竖框、中横框等能受力的部位。窗框固定后，应检查稳固度。

　　（3）塞缝。如图4-101所示，在粉刷窗洞口面层前，除去安装时临时固定的木楔，在窗框周围缝隙内塞入发泡轻质材料，使之形成柔性连接，以适应热胀冷缩。

　　从框底清理灰渣，嵌入密封膏，应填实均匀。连接件与墙面之间的空隙内，也需注满密封膏，其胶液应冒出连接件1~2mm。严禁用水泥砂浆或麻刀灰填塞，以免窗框架受震变形。

　　（4）安装窗扇以及五金配件。如图4-102所示，将窗扇嵌入窗框内，然后推拉检查窗扇的安装效果。塑料门窗安装小五金件时，必须先在框架上钻孔，然后用自攻螺钉拧入，严禁直接锤击打入。

图4-100　安装窗框　　　　　　图4-101　打发泡胶　　　　　图4-102　检查安装效果

4.3.4.2　楼梯制作安装

　　楼梯制作安装是指楼梯在施工现场的组装与安装工法。在安装楼梯的时候应该预留一定的膨胀空间。如图4-103所示，在安装成品定制楼梯之前，所有尺寸都是经过精确测量的，安装过程中不需要再进行裁切等加工，这样就大大减少了粉尘对屋内环境的破坏。安装过程中必须注意各处的连接。

图4-103　楼梯制作安装施工

楼梯制作安装施工流程概要如图4-104所示。

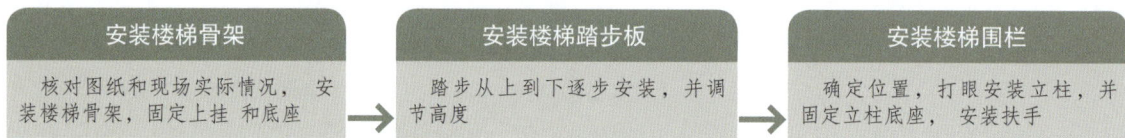

安装楼梯骨架	安装楼梯踏步板	安装楼梯围栏
核对图纸和现场实际情况，安装楼梯骨架，固定上挂和底座	踏步从上到下逐步安装，并调节高度	确定位置，打眼安装立柱，并固定立柱底座，安装扶手

图4-104 楼梯制作安装施工流程概要

楼梯制作安装施工步骤详解如下。

步骤一：安装楼梯骨架

将楼梯的高度重新核对，看与图纸高度是否吻合。确定楼梯上挂和底座的位置，如图4-105所示，L形的楼梯需要确定转弯处地支撑或墙支撑的详细位置。确定好后固定上挂和底座。

步骤二：安装楼梯踏步板

将踏步取出，确定楼梯踏步板的安装位置。如图4-106所示，从上至下逐步安装，有踏步小支撑的，还要调节小支撑的高度，然后打眼将小支撑与踏步板连接。每一个踏步板均如此安装。

图4-105 安装楼梯骨架

图4-106 安装楼梯踏步板

步骤三：安装楼梯围栏

如图4-107所示，先确定所需安装立柱的位置，打眼安装立柱。然后固定立柱底座，将上面的配件拧松，装拉丝和扶手。将拉丝和扶手安装好后调节至最合适的位置，拧紧所有围栏上面的螺栓。

图4-107 安装楼梯围栏

瓦工工程

装饰材料与施工工艺

情景引入

　　2014年，广东一男孩去职业学校学"砌砖"，19岁靠"砌砖"将自己砌成世界冠军，成名后，他拒绝了百万年薪工作。故事是如何的呢？2017年10月14日，19岁的梁智滨代表我国参加阿联酋举办的第44届世界技能大赛的砌筑项目。梁智滨在4天时间里砌出比赛图纸上要求的三面墙。而他砌出的三面墙不管是垂直度还是平衡度，误差均不超过1mm。最终，他从来自世界各地的29名"砌墙"高手中脱颖而出，夺下冠军，让世界见识到了我国匠人精益求精的态度和敬业精神。梁智滨凯旋而归，同时为国争光的他也收到了国家和所在省区奖励的150多万元奖金和一套房子。此外，各大房产企业也纷纷向梁智滨投来橄榄枝。有家企业开出年薪百万，外加一套房子作为条件，聘请梁智滨。然而，梁智滨志不在此，拒绝了纷至沓来的机会。他决定回到母校，任职教学。在他看来，自己的成就离不开学校的栽培和林老师的指导。他想像林老师一样，为国家培养像自己一样的优秀技能人才。梁智滨后来真的又指导出了一位冠军陈子峰。在梁智滨的指导下，陈子峰在第45届世界技能大赛上，蝉联砌筑项目的冠军。如今，已经24岁的梁智滨事业已大有成就。他通过"砌砖"砌出了自己的康庄大道。同时，他也用自己的经历向世人证明，条条大路通罗马，职业不分高低贵贱，只要认真敬业干好自己的本职工作，自己就是人生路上的"冠军"。当然，梁智滨的父母也值得赞赏，他们并没有用学习成绩的好坏来判定自己的孩子，而是支持孩子去做自己喜欢的事情，这样开明的父母值得每个家长学习。

　　对于自己热爱的事物，梁智滨敢于追求，不怕困难。坚持坚守和精益求精的态度成就了他，这才是真正的"匠人精神"。

学习目标

知识目标

1. 了解材料的选购。
2. 了解施工工艺。

能力目标

1. 掌握地面图纸绘制能力。
2. 培养学生的逻辑思维能力。

思政目标

1. 掌握饰面的重要性。
2. 培养学生爱岗敬业、思维敏锐的职业精神。

任务5.1 室内瓦工工程基本知识

瓦工是室内装修的一个工种,主要负责水泥砖瓦类的施工。瓦工在铺贴墙地砖的过程中,势必会遇到地砖的拼贴样式,墙面砖增加腰线、花片等设计内容。此部分内容便是针对性地提升瓦工施工人员在这一方面的设计能力。瓦工设计能力的提升主要包括四个方面:一是掌握石材、砖材的各种拼贴方式,如菱形拼贴、地砖拼花等;二是介绍砖材、石材的各种材质纹路,熟悉运用的技巧;三是介绍墙面石材造型设计的样式,可设计在客餐厅等背景墙中;四是讲解厨卫墙地砖的搭配设计,使地砖的样式选择与墙面形成和谐、美观的统一(图5-1)。

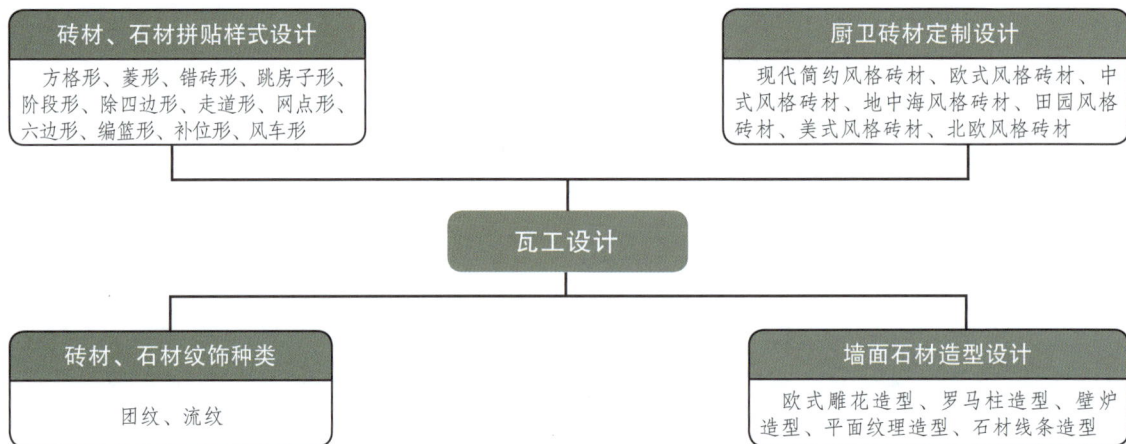

砖材、石材拼贴样式设计	厨卫砖材定制设计
方格形、菱形、错砖形、跳房子形、阶段形、除四边形、走道形、网点形、六边形、编篮形、补位形、风车形	现代简约风格砖材、欧式风格砖材、中式风格砖材、地中海风格砖材、田园风格砖材、美式风格砖材、北欧风格砖材

瓦工设计

砖材、石材纹饰种类	墙面石材造型设计
团纹、流纹	欧式雕花造型、罗马柱造型、壁炉造型、平面纹理造型、石材线条造型

图5-1 瓦工设计

5.1.1 砖材、石材拼贴样式设计

砖材、石材根据其材料形状、摆放方式等的不同,可拼贴出多达十几种的样式设计,常见的如菱形拼贴、方形拼贴等,复杂的如跳房形拼贴、风车形拼贴等。通过熟悉并掌握砖材、石材的多种拼贴设计形式,面对大面积、小面积等空间时,才能设计出符合空间特点的拼贴样式。

厨房的铺贴工艺1　厨房的铺贴工艺2　厨房瓷砖验收

5.1.1.1 方格形拼贴

如图5-2所示,方格形拼贴样式是最常见的设计图案,对施工复杂度的要求相对较

图5-2 方格形拼贴样式及平面方案

低，可适用于任何面积、形状的空间中。方格形拼贴设计对砖材尺寸没有要求，可以是300mm×300mm、600mm×600mm、800mm×800mm等多种尺寸。

5.1.1.2　菱形拼贴

如图5-3所示，客厅地面中采用的是菱形拼贴设计，这种设计方式具有扩大空间面积的效果，适合面积较为方正的空间。这种拼贴设计对砖材尺寸的唯一要求是必须为正方形材料，尺寸可以是300mm×300mm、600mm×600mm、800mm×800mm等多种类型。

图5-3　菱形拼贴样式及平面方案

5.1.1.3　错砖形拼贴

如图5-4所示，餐厅的地面采用了错砖的拼贴设计，当空间内采用错砖形式设计时，样式通常是仿照地板尺寸切割的。错砖形砖材尺寸通常为450mm×60mm、500mm×60mm、750mm×90mm以及900mm×90mm等多种尺寸。

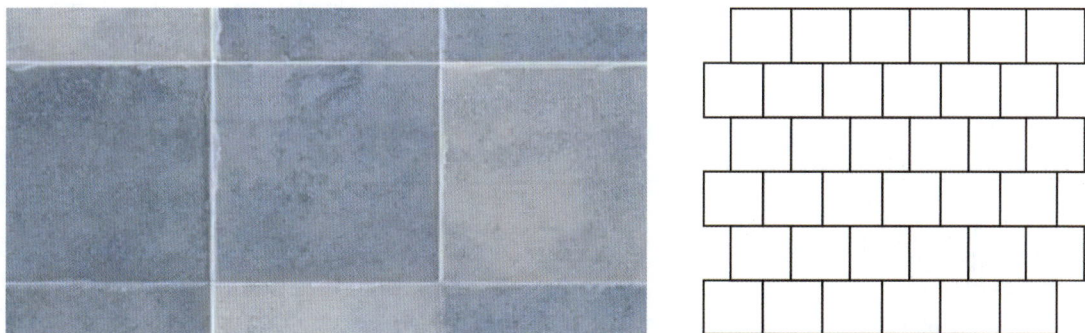

图5-4　错砖形拼贴样式及平面方案

5.1.1.4　跳房子形拼贴

如图5-5所示，其拼贴方式采用了两种不同尺寸的砖材，大尺寸的正方形砖材为

图5-5　跳房子形拼贴样式及平面方案

600mm×600mm，小尺寸的正方形砖材为300mm×300mm。通过两种不同尺寸砖材的错落铺贴，形成了跳房子样式的效果，适合设计在面积较小的客餐厅空间中。

5.1.1.5　阶段形拼贴

如图5-6所示，阶段形拼贴是指中心采用大尺寸砖材铺贴，四周围绕小尺寸砖材的拼贴方式。通常中心的砖材尺寸要大于或等于600mm×600mm，才会呈现出较为美观的装饰效果。设计施工的过程中，大尺寸砖材不需要切割，而围绕四周的小尺寸砖材需切割为大小一致的尺寸。

图5-6　阶段形拼贴样式及平面方案

5.1.1.6　除四边形拼贴

如图5-7所示，除四边形拼贴样式最常设计在马赛克中，用四块小尺寸的砖材合成一块大尺寸的砖材，相邻着错落拼贴，形成丰富的装饰效果。这种拼贴样式也可以设计在小面积的客厅中，采用砖材切割拼贴设计而成。

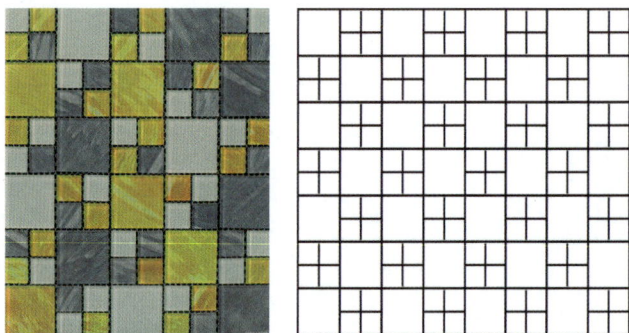

图5-7　除四边形拼贴样式及平面方案

5.1.1.7　走道形拼贴

如图5-8所示，走道形拼贴是采用两块小尺寸的砖材拼贴成一块长方形砖材，与大尺寸的砖材错落拼贴而成，这种设计样式有一种规律的节奏美感，如其名字，适合铺设在走道、门厅等面积较小、空间狭长的地面中。

图5-8　走道形拼贴样式及平面方案

5.1.1.8 网点形拼贴

如图5-9所示，网点形拼贴即是俗称为地砖角花的设计样式，这种拼贴方式多用在仿古砖中，中间的菱形拼花采用精致的凹凸纹理制作而成，形状透着浓郁的装饰美感。这种拼贴样式不需要切割砖材，可在市场中购买到相应的砖材样式，按照砖材样式铺贴即可。

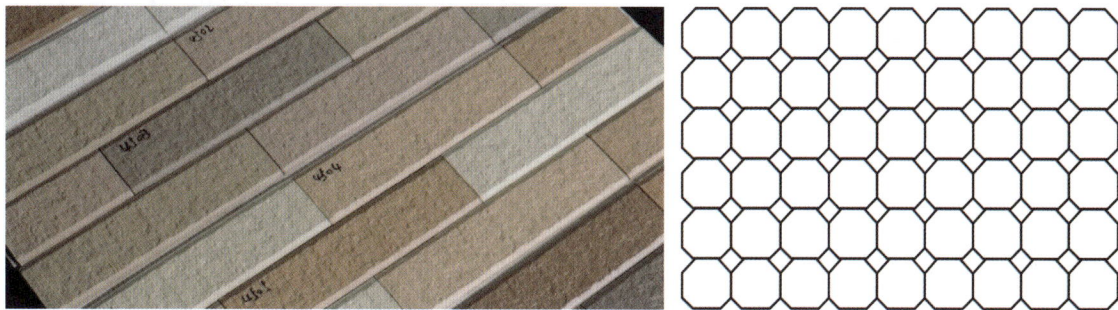

图5-9 网点形拼贴样式及平面方案

5.1.1.9 六边形拼贴

如图5-10所示，六边形拼贴是将一块正方形的砖材切割掉两个对角制作而成，对施工技术的要求较高，因为要保证两角的大小一致。这种样式适合设计在不规矩的空间中，通过地砖的设计变化，来转化空间中因不规则而带来的不适感。

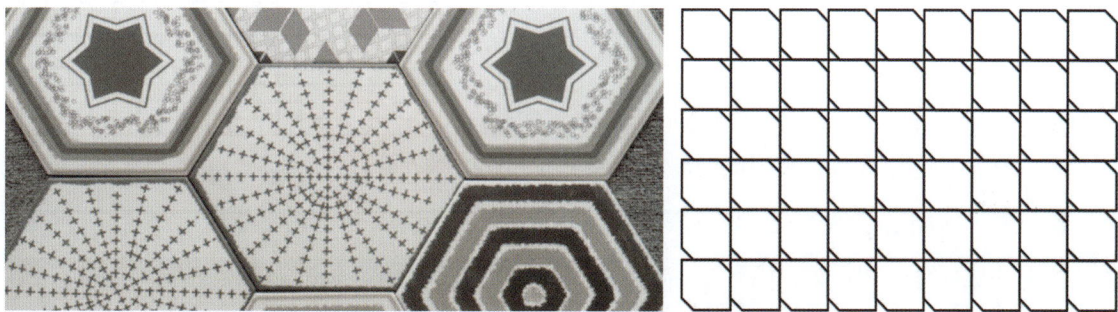

图5-10 六边形拼贴样式及平面方案

5.1.1.10 编篮形拼贴

如图5-11所示，编篮形拼贴是将一块正方形的砖材从中间切割开，分成两个竖条，再纵横错落拼贴而成的设计样式。这种设计样式可突出地砖设计的理性线条感，增加空间中的律动效果。砖材宜采用600mm×600mm、800mm×800mm两种尺寸。

图5-11 编篮形拼贴样式及平面方案

5.1.1.11 补位形拼贴

如图5-12所示，补位形拼贴是采用三种尺寸的砖材拼贴而成，分别为小尺寸正方形砖材、小尺寸长方形砖材以及大尺寸正方形砖材。砖材拼贴的方式采用从左上至右下的方式错落拼贴而成，形成复杂有趣的装饰图案。

5.1.1.12 风车形拼贴

如图5-13所示，风车形拼贴出的图案像一个顺时针旋转的风轮，采用四块大小一致的长方形砖材和一块正方形砖材拼贴而成。这种拼贴样式适合设计在墙面的造型中，并用小尺寸的砖材设计，不适合设计在地面中，尤其是面积较大的客厅。

图5-12 补位形拼贴样式及平面方案

图5-13 风车形拼贴样式及平面方案

5.1.2 砖材和石材的纹饰种类

砖材和石材的纹饰分为两类，砖材属于人造纹理，而天然石材属于天然纹饰。若以纹理的变化来划分，无论是砖材还是石材，无外乎两种类型，第一种是团纹，第二种是流纹。每种类型又分为若干种细致的纹理样式，下面逐一进行分析。

5.1.2.1 团纹

团纹是指砖材或石材的纹理呈团状

图5-14 团纹纹理

样式，没有固定的纹理方向，如图5-14所示。常见的团纹样式见表5-1。团纹是一种偏静态的装饰效果，是一种百搭的纹理样式，适用于任何空间中。团纹的纹理比较细腻多变，因此决定了团纹的砖材或石材不仅可铺设在地面中，作为地面材料使用，也可用于墙面，作为装饰性石材。

表5-1　常见的团纹样式

种类	斑点团纹	螺纹团纹	凹凸团纹	润玉团纹
图案				
特点	典型的团纹团，有丰富的纹理变化，装饰效果出色	表面呈现出类似螺纹或团状的图案，属于天然大理石的一种，其纹理清晰自然，相互交错，构成了独特的美学效果	有明显的凹凸质感，有仿古的设计美感，适合设计为墙面装饰材料	团纹石材的表面由一个个团状样式组成，有润玉的通透感，装饰效果奢华尊贵
种类	翠蓝团纹	金黄团纹	粉桃团纹	木纹团纹
图案				
特点	带有冷静平和的质感，适合现代、简约等设计风格的空间	团纹的纹理均匀，金黄的色感明亮，适合大面积地铺设在地面中	纹理细腻，质感柔和，适合铺设在小面积的空间	有树皮的质感，可设计在墙面中作为装饰材料

5.1.2.2　流纹

流纹是指砖材或石材的纹理像流水一样，如图5-15所示，呈有方向的、动态的、有一定规律性的样式，可起到延伸空间的装饰效果。流纹又可细化分为直流纹和裂纹两种类型。

常见的直流纹样式见表5-2。直流纹是指纹理以通直或接近通直的形态分布，或竖向或横向，有清晰的方向感，可让人联想到瀑布等意象，视觉上它会让人产生超越空间距离的装饰效果。

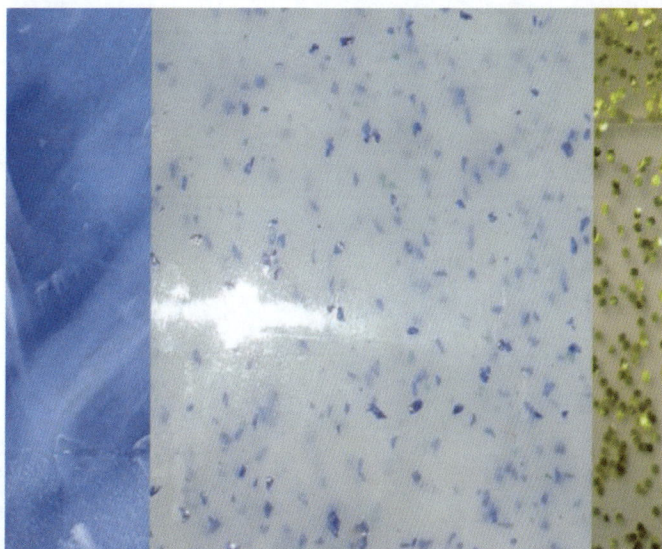

图5-15　流纹纹理

表5-2　常见的直流纹样式

种类	木化石	丝线棕	雅士白	线纹岩
图案				
特点	**纹理似古木的表皮，搭配高级灰的配色，拥有低调的奢华，装饰效果出色**	直流纹的线条细密，延续性效果理想，多块砖材拼接到一起，可起到延伸的装饰效果	经典的白色石材，拥有明亮的色彩和极简的纹理，可大面积地铺设在地面中	直流纹的线条具有一定的变化性，偏暖色系的色调使其更适合设计在简约、北欧风格的家居中

常见的裂纹样式见表5-3。裂纹纹理如自然撕裂的石纹，张力十足，个性随纹理粗细、疏密、走向、色彩而定，或细腻，或飘逸，或狂放，或典雅。裂纹既能彰显空间的动感，又能在视觉上延伸空间，特别适用于较大面积的空间，适合营造现代时尚的风格。

表5-3　常见的裂纹样式

种类	索菲特金	金丝裂纹	深啡网纹	淡墨山水
图案				
特点	源自土耳其的名品石材，底色很浅，光度非常好，板面的深色粗纹，有行云流水般的动感	奔放自如的裂纹环绕交错，大气飘逸；深浅不一的线条过渡自然，视觉张力十足	源自西班牙的一种名贵石材，底色为深咖啡色，夹杂着精美的裂纹，纹路复杂繁美却不散乱，光度好	石材以黑白灰为底色，夹杂着裂纹的随意与律动，展现出水墨画般的中式意境，大气奢华又不失低调内敛

5.1.3　墙面石材造型设计

　　墙面石材造型是指通过对石材进行加工，制作出诸如雕花、线条、弧形或多边形等造型样式，然后组合设计在墙面中，从而形成独特的石材造型墙。其中，对石材造型运用最成功的属于欧式造型墙，有雕花造型、罗马柱造型、壁炉造型、线条造型等，可设计出富有精美装饰效果的墙面石材造型。

5.1.3.1　欧式雕花造型

　　欧式雕花造型是将石材制作成雕花的样式，结合欧式造型设计在墙面中，具有大气、奢华、高贵的装饰效果。欧式雕花造型墙面通常设计在电视墙中，中间摆放电视和欧式柜，背景是欧式的石材造型墙。经典欧式雕花造型设计如图5-16所示。

5.1.3.2　罗马柱造型

罗马柱在欧式建筑中是常见的起到支撑、承重作用的柱体，将其设计在室内空间中，起到装饰效果，增加空间的延伸感。罗马柱造型多设计在门厅、过道以及背景墙中，其对空间面积有一定的要求，若空间面积较小，则不适合设计罗马柱；大面积的空间则需要罗马柱来增添设计的丰富变化。经典罗马柱造型设计如图5-17所示。

◀ 雕刻角花
角花雕花是典型的欧式雕花造型，搭配弧形的石材设计，形成欧式的拱门样式，尊贵典雅、奢华大气

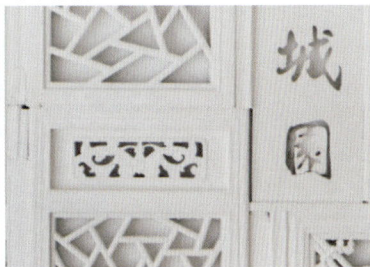

▲ 忍冬草雕花
雕花采用长方形的石材雕刻而成，设计在背景墙的顶部起到画龙点睛的装饰效果，为原来平淡的电视背景墙增添了忍冬草雕花设计元素

图5-16　经典欧式雕花造型设计

◀ 带底座罗马柱
带底座罗马柱适合设计在空间较为宽敞的区域，方形底座和罗马柱采用同种石材雕刻而成，有统一的和谐美

▲ 无底座罗马柱
无底座罗马柱可直接固定在地面上，两侧对称设计，将上面的拱形托起来，形成典型的欧式出入门厅，尽显奢华

▲ 极简罗马柱
保留了罗马柱的特征，并采用现代的设计手法制作的罗马柱称为极简罗马柱，具有不占过多用空间面积、精致小巧等特点

▲ 方形罗马柱
罗马柱采用方形设计，形成半嵌入墙面的设计效果，与背景墙融合为一个整体。罗马柱凸出的部分不仅起到装饰作用，而且分割了主题墙与两侧的装饰墙

图5-17　经典罗马柱造型设计

5.1.3.3　壁炉造型

壁炉是石材造型中最常出现的样式，通常会设计在客厅的电视背景墙中、会客厅以及餐厅等空间。壁炉的高度通常为950～1200mm，可根据层高的高低进行比例的适配。经典壁炉造型设计如图5-18所示。

▲ **简欧风壁炉**
壁炉采用天然爵士白为原料，勾勒出简约的线条，却不失壁炉的形状样貌，典雅大方，符合当代的审美

▲ **法式风壁炉**
法式风壁炉是最典型的壁炉样式，采用大量的雕花和欧式线条制作而成，拥有丰富的装饰美感

▲ **欧式风壁炉**
半嵌入式的欧式风壁炉采用了凸起的大平台台面，使得上面可以摆放多种装饰品。其不仅是装饰造型，同时也具备了实用功能

▲ **现代风壁炉**
通过几何线条勾勒出的现代风壁炉，造型简单又充满细节，突破了传统壁炉的造型局限，设计在现代风格的住宅中毫无违和感

图5-18　经典壁炉造型设计

5.1.3.4　平面纹理造型

平面纹理造型是指在一整面背景墙中，采用带有延续性纹理的平面石材铺设而成，不采用多余的造型变化，只突出石材自然的装饰纹理。这种对石材的设计运用，多设计在现代、简欧等风格中。经典平面纹理造型设计如图5-19所示。现代简约风格厨卫砖材平面纹

▲ **爵士白平面纹理**
爵士白天然石材的纹理充满律动感，整块石材铺设在背景墙中，延续了纹理的自然变化。在石材中间增加黑色竖条纹，可增加现代感

▲ **对称人造石平面纹理**
人造石设计背景墙有一个好处是，既可自行制作纹理，并使纹理自然对称，又可扩大纹理的变化效果，使背景墙的主题设计凸显出来

图5-19　经典平面纹理造型设计

理如图5-20所示。

图5-20　现代简约风格厨卫砖材平面纹理

5.1.4　室内装饰砖材

5.1.4.1　复古文化砖材

文化砖是具有文化内涵和艺术性的装饰砖。建筑室内发展的一个明显趋势，就是越来越注重它外在的装饰艺术性，内在的文化韵味。而文化砖自带独特的激励纹路，斑驳而有质感，具备一定的复古气息，成为较为常见的墙面装饰材料，如图5-21所示。

5.1.4.2　欧式风格砖材

如图5-22所示，欧式风格的墙面砖材会采用菱形铺贴搭配腰线的设计，地面则会增加线条凸显欧式风格的奢华。在卫生间的地面中，可将砖材换成高贵的石材，如啡网纹、爵士白等天然石材，来增加地面的整体感。

图5-21　复古文化砖材

图5-22　欧式风格厨卫砖材

5.1.4.3　中式风格砖材

中式风格砖材有两种设计形式：一种是采用天然洞石，借助天然洞石的线性纹理以及颗粒感来烘托出厨卫空间的中式氛围，如图5-23所示，这种设计方式趋于中庸和保守；

另一种是采用深色的仿古砖搭配拼花的形式设计，如图5-24所示，这种设计方式可使砖材与实木肌理相互融合，丰富室内氛围。

图5-23　天然洞石装饰的中式风格

图5-24　深色砖材装饰的中式风格

5.1.4.4　地中海风格砖材

如图5-25所示，在地中海风格的厨房中，会采用暖白色的墙地砖，来烘托地中海的白色调，然后在墙面中错落铺设几块蓝色墙砖起到装饰效果。在地中海风格的卫生间中，会采用小尺寸的墙地砖，以拼花、菱形铺贴等形式设计在一起。同时，卫生间中的洗手柜会采用砖材砌筑，表面铺贴砖材的形式设计。

图5-25　地中海风格厨卫砖材

5.1.4.5　田园风格砖材

如图5-26所示，田园风格的典型特点是碎花纹饰和格子纹饰，因此在砖材的选择中，多选择格子的样式设计在厨卫中，同时墙地砖选择小尺寸砖材来展现出碎花的装饰感。通常情况下，会选择150mm×150mm的墙砖，300mm×300mm的地砖。

图5-26　田园风格厨卫砖材

5.1.4.6　美式风格砖材

如图5-27所示，美式风格的砖材需要借助色彩来迎合设计主题，如墨绿色砖材、棕土色砖材等。墨绿色的砖材富有生命气息，适合设计运用在厨房的墙面中，而棕土色的砖材则富有深邃内敛的质感，适合设计运用在卫生间的墙地面中。

图5-27　美式风格厨卫砖材

5.1.4.7　北欧风格砖材

如图5-28所示，北欧风格的特点是极简主义和浅淡舒适的色调，因此，无论是厨房还是卫生间，均适合设计运用浅白色的墙面砖，搭配灰色、深色调的地面砖。为了突出墙面的装饰性和变化性，墙面砖材可选择马赛克、条纹砖等，来丰富设计美感。

任务5.2　施工材料

5.2.1　石材

5.2.1.1　花岗石

花岗石，英文名称为granite，是一种由火山爆发的熔岩在地下深处冷却凝固后形成的酸性火成岩，属于岩浆岩（火成岩）的一种（图5-29）。其主要成分包括石英、长石和云母，其中长石含量为40%～60%，石英含量为20%～40%。这些矿物成分的比例和种类决定了花岗石的颜色和物理特性。花岗石以其坚硬、密实、耐酸碱、耐候性好的特点，在建筑、装饰、道路建设等领域得到了广泛应用。

图5-28　北欧风格厨卫砖材

图5-29　花岗石

（1）花岗石的应用

①装饰板材。花岗石经过加工后，可以制成各种装饰板材。这些板材表面光滑、色泽鲜艳、纹理清晰，被广泛应用于建筑内外墙装饰、地面铺设等领域。

②石雕艺术品。花岗石的纹理清晰、色彩图案丰富，使其成为石雕艺术品的理想材料。许多纪念碑、雕塑和园林景观中的装饰性雕刻都使用花岗石制成，既耐候又具有永恒的美感。

③异形产品。花岗石还可以加工成各种异形产品，如石雕喷泉、石材花盆、建筑外墙、洗手盆、洗衣池、拖把池等。这些产品不仅具有美丽的外观，还具备良好的实用性和耐久性。

（2）花岗石的规格。花岗石的规格多种多样，可以满足不同领域和用途的需求。常见的规格包括10cm×10cm、15cm×15cm、19cm×19cm、20cm×20cm以及15cm×30cm等。这些规格的石材可以根据具体工程需求进行切割和加工，以满足不同的施工要求。

总之，花岗石作为一种优质的天然石材，以其坚硬、耐磨、耐酸碱腐蚀和耐高温等特点，在建筑、装饰、道路建设等领域得到了广泛应用。其丰富的颜色和纹理，使得花岗石成为各种工程项目中不可或缺的材料之一。随着科技的不断进步和加工工艺的日益完善，花岗石的应用范围还将不断扩大，为人们的生活和工作环境带来更多的美好和便利。

5.2.1.2　大理石

大理石，英文为marble，原指产于云南省大理的白色带有黑色花纹的石灰岩，因其独特的纹理和美丽的外观而得名（图5-30）。随着时代的发展，大理石这个名称逐渐扩展至所有具有装饰性、色彩丰富且能够加工成建筑石材或工艺品的变质或未变质的碳酸盐岩类。大理石的形成是地壳中原有的岩石经过高温高压作用而变质的结果，这个过程使得大理石具有坚硬、耐磨、耐腐蚀等优良特性。

图5-30　大理石

大理石以其多变的颜色和纹理著称，常见的颜色包括米色系（如金象牙、莎安娜米黄等）、白色系（如雅士白、金蜘蛛）、灰色系（如帕斯高灰、法国木纹灰）、黑色系（如黑晶玉）、黄色系（如雨林棕）、绿色系（如雨林绿）以及红色系（如西班牙西施红）等。每一块大理石的纹理都独一无二，如同自然界的指纹，赋予其极高的观赏价值和艺术价值。

（1）大理石的用途

①建筑装饰。大理石在建筑装饰领域的应用极为广泛，其高贵典雅的质感能够显著提升建筑的整体档次。无论是室内墙面、地面、楼梯、门厅还是大堂，大理石都能以其独特的纹理和色彩为空间增添一抹亮丽的风景线。大理石还常被用于雕塑和雕刻，为建筑增添艺术气息，使其更具文化底蕴。

②厨房与浴室。由于大理石具有耐磨、耐热和耐化学品腐蚀的特性，它成为厨房和浴室装修的理想选择。大理石台面、水槽和橱柜不仅美观大方，而且易于清洁，不会滋生细菌，为家庭健康保驾护航。大理石的坚固性和耐用性也确保了其在高湿度环境下的长期使用。

③室内与室外地板。大理石的坚固性和耐磨性使其成为室内和室外地板的首选材料。无论是住宅还是商业场所，大理石地板都能以其独特的质感和优雅的外观为空间增添一抹高贵的气息。在室外环境中，大理石地板能够抵抗高流量和恶劣天气条件的侵蚀，保持其长久的美丽和耐用性。

④灯具与装饰品。大理石的独特纹理和美丽外观也使其成为制作灯具和装饰品的理想材料。从灯座到花瓶再到雕塑艺术品，大理石都能以其独特的魅力为空间增添一抹别样的风情。这些大理石制品不仅具有观赏价值，还能彰显主人的品位和格调。

（2）大理石的规格。大理石瓷砖的规格主要包括尺寸和厚度两个方面。常规尺寸的大理石瓷砖有300mm×300mm、300mm×600mm、600mm×600mm、800mm×800mm等，这些尺寸适用于一般家庭装修和中小型商业场所。对于有特殊需求的场所或个人，还可以选择定制尺寸的大理石瓷砖，以满足个性化的装修需求。

在厚度方面，较薄型的大理石瓷砖厚度为10～15mm，适用于墙面铺贴以减轻重量和降低铺贴成本；较厚型的大理石瓷砖厚度为15～20mm，适用于地面铺贴以提高耐磨性和抗压性。不同厚度的大理石瓷砖各有其优势和应用场景，消费者在选择时应根据实际需求进行综合考虑。

（3）应用实例。在现代建筑设计中，大理石的应用已经不仅仅局限于传统的建筑装饰领域。例如，在高端酒店的大堂中，大理石被用于铺设地面、装饰墙面和制作各种艺术品，营造出一种奢华而雅致的氛围；在别墅的室内装修中，大理石被用于厨房台面、浴室墙面和地面等关键区域，以彰显主人的品位和格调；在公共空间的设计中，大理石也被广泛应用于走道、人行道和纪念碑等地方，以其坚固耐用和美观大方的特点赢得了人们的青睐。

5.2.2　瓷砖

5.2.2.1　地砖

地砖室内应用案例效果如图5-31所示。

图5-31　地砖室内应用案例效果

5.2.2.2 墙砖

墙砖室内应用案例效果如图5-32所示。

图5-32 墙砖室内应用案例效果

5.2.2.3 通体砖

通体砖，因其从内到外颜色和纹理均一，得名"通体"，它是一种将天然原料高温烧制而成的陶瓷砖（图5-33）。在通体砖的制作过程中，颗粒状原料经过高温熔融，形成砖体，然后在表面未施加釉料，因此，其颜色和纹理自内而外保持一致，赋予了其独特的装饰性和实用性。通体砖的强度高，耐磨、耐腐蚀，且具有良好的防滑性能，是建筑和装饰行业中的常见选择。

图5-33 通体砖

（1）通体砖的用途与应用领域。通体砖广泛应用于室内外的地板和墙面装饰，尤其在厨房、浴室、阳台等家庭区域，以及商业空间的地面和墙面装修中常见。其自然、质朴的外观，使得通体砖在户外项目，如露台、人行道、泳池区的铺装中也尤为适用。由于其出色的耐用性和易于清洁的特性，通体砖在商业建筑如购物中心、办公室和工业场所的地面装修中也十分流行。

（2）通体砖的规格与选择要点。通体砖的尺寸多样，包括300mm×300mm、400mm×400mm、600mm×300mm等，厚度通常为10～12mm。选择通体砖时，消费者应考虑颜色、纹理、尺寸和厚度是否与装修风格相匹配。观察砖体表面的平整度和完整性，确保无裂纹、色差和缺陷。通体砖的防滑性能和耐磨性是重要的考量因素，尤其在高人流量区域，还需注意砖体的吸水率，吸水率越低，砖体的稳定性通常越好。在购买时，消费者可参考品牌信誉、售后服务以及产品认证，确保购买的通体砖既美观又耐用，能够满足长期的使用需求。

5.2.2.4 釉面砖

釉面砖，因其独特的釉层处理，近年来成为家居装饰中的宠儿，集美观与实用性于一体（图5-34）。其釉层经过高温烧制，赋予了砖面丰富多彩的图案和颜色，无论是复古的仿古风格，还是简约的现代设计，釉面砖都能完美呈现。釉面赋予人的不仅是视觉上的享受，还为砖体提供了一层保护，使得砖面耐磨、耐脏，易于清洁。独特的釉面处理工艺使得每一块釉面砖都可能有独一无二的装饰效果，可以满足消费者对个性化家居装饰的追求。

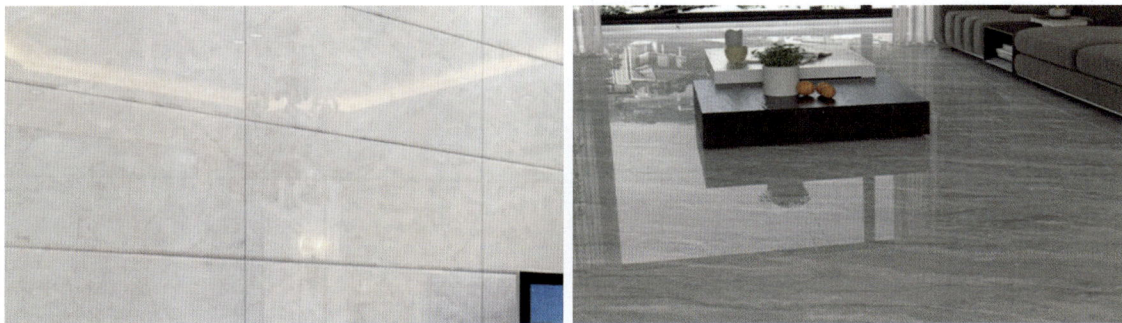

图5-34 釉面砖

（1）釉面砖在家居装修中的应用。在家居装修中，釉面砖广泛应用于厨房、浴室和客厅等空间。在厨房，防滑且易清洁的特性使其成为灶台和料理区域的理想选择。其丰富多样的花色可以搭配不同的装修风格，从乡村田园到现代简约，再到奢华复古，釉面砖都能游刃有余地应对。在浴室，防潮的釉面砖可防止水汽对砖体的损害，同时增添空间的美观度。在客厅，釉面砖的丰富图案和色彩可以作为墙面或地面装饰，提升整体空间的视觉效果。

（2）釉面砖的规格选择与搭配技巧。釉面砖的规格多样，包括300mm×300mm、300mm×450mm、600mm×600mm等多种尺寸，适合不同面积和设计需求。在选择釉面砖时，消费者应考虑空间尺寸、光线条件以及个人审美。在搭配上，可以采用同色系混搭，或者与木材、金属等不同材质的装饰元素相结合，打造丰富层次。利用不同质感和图案的釉面砖，可以创造出丰富的视觉效果，比如大尺寸的釉面砖可作为视觉焦点，小尺寸的釉面砖则适合拼贴艺术，展现独特的装饰风格。

无论是在小户型中创造视觉延伸感，还是在大空间里营造艺术氛围，釉面砖都是设计师和业主的首选。其美丽的外观和耐用的特性，使得釉面砖在家居装修中扮演着不可或缺的角色。

5.2.2.5　抛光砖

抛光砖是一种经过打磨和抛光工艺处理的陶瓷砖（图5-35）。其制作过程相对复杂，包括原料制备、成型、干燥、烧制、抛光和防污处理等多个步骤。将黏土和石英砂等原材料混合，经过严格的配比和搅拌，形成瓷泥。随后，瓷泥在模具中成型，通过干燥过程去除多余的水分。接着，干燥后的砖坯在高温下烧制，使得砖体结构稳定，硬度和密度得到极大提升。抛光工艺是其最关键的一环，通过精细的打磨和抛光，抛光砖表面的光泽度得以大幅提升，反射率和光洁度远超其他种类的瓷砖，赋予空间明亮和宽敞的视觉效果。

图5-35　抛光砖

抛光砖凭借其坚硬的质地、亮丽的光泽和易清洁的特性，广泛应用于各种公共场所。在大型购物中心、办公大楼和星级酒店，抛光砖的高雅光泽与色彩丰富的选择为室内环境增添了质感。由于其耐磨、耐脏的特性，使得抛光砖在人流量大、磨损严重的区域，如机场、火车站和购物中心，展现出极高的耐用性和低维护需求。在医院、图书馆和学校，抛光砖的防滑和防污性能则确保了安全和清洁的环境。

5.2.2.6　劈离砖

劈离砖，以其粗犷的质感和独特的纹理，已经成为现代装修设计中的一大亮点，尤其在寻求复古与自然风格的装饰中备受青睐（图5-36）。这种由天然石材经切割、劈裂而成

图5-36　劈离砖

的砖块，以其独特的工艺和质感，为室内空间注入了浓厚的历史和文化气息。

劈离砖的最大特色在于每一块砖都带有独一无二的自然纹理，仿佛诉说着地球的岁月痕迹。这些纹理源于石材本身的矿物结构和天然色差，经过切割和劈裂工艺，每一块劈离砖都带有自然、不规则的裂纹和斑点，这些都是机器制造的瓷砖无法复制的。其质感粗糙而真实，给人一种质朴而原始的美感，无论是用作墙面还是地面，都能营造出独特的空间氛围。

在复古风格的装修中，劈离砖能够发挥出其最大的装饰效果。它可以用于室内墙壁、地板，甚至作为装饰性背景墙，为室内空间带来一种历史的沉淀和时间的韵味。在厨房，劈离砖的墙面可以抵御油烟和水渍，耐用且易于清洁，同时其自然的纹理和色彩可以为烹饪空间增添一份独特的乡村风情。在浴室，使用劈离砖能营造一种质朴而温馨的沐浴环境，仿佛将人们带回了那些年代久远的浴室。

在客厅，劈离砖的装饰效果更是独树一帜。它可以用于铺设地面，或者作为壁炉背景，搭配复古的家具和摆设，让整个空间充满历史与故事感。在卧室，劈离砖的使用可以营造宁静而舒适的睡眠环境，仿佛让人在梦中游历过去的时代。

5.2.2.7　仿古砖

仿古砖是对古老制砖工艺的一种现代诠释（图5-37）。仿古砖起源于18世纪的欧洲，最初是为了重现中世纪和文艺复兴时期的建筑风格，其设计理念在于捕捉历史的韵味，为现代建筑带来一种复古的魅力。仿古砖的纹理、质感和色泽都旨在唤起人们对过去的回忆，展现出一种历史的沉淀和岁月的痕迹。从罗马的石板路到中世纪的石质城堡，再到维多利亚时代的精致装饰，仿古砖的设计灵感无处不在，既保留了历史的韵味，又不失现代的实用与美观。

图5-37　仿古砖

仿古砖的多样化风格表现在其丰富的颜色、纹理和尺寸上。从深沉的石墨色到明亮的米白色，每一种颜色变化都能带出不同的装饰效果。砖面上的质感处理也千变万化，既有自然磨损的旧石板效果，也有细腻的石刻和磨砂质感，甚至有些仿古砖上还刻意保留了手工雕刻的痕迹，营造一种岁月的沧桑感。这种砖在室内装饰中常用于厨房、浴室、餐厅和客厅，通过精心搭配，可以营造出温馨、典雅的室内氛围，无论是乡村风格还是现代极简风格，仿古砖都能与之完美融合。

5.2.2.8　马赛克

马赛克，源于古希腊语"μάστιχθος"（mássai），原意为"小石子"，自古罗马时期起，就被用于创作出令人惊叹的装饰艺术（图5-38）。这种艺术形式通过无数小块材料的组合，展现出无尽的色彩和图案可能。马赛克的材质多样，包括但不限于陶瓷、玻璃、大理石、金属、石头，甚至贝壳和骨头，每种材质都为马赛克艺术注入独特的质感和色彩。

图5-38　马赛克瓷砖

玻璃马赛克以其透明或半透明的特性，常用于创作出晶莹剔透的效果；陶瓷马赛克则因其色彩丰富和耐用性而广受欢迎；大理石马赛克赋予作品一种天然、高贵的气质；金属马赛克在现代设计中大放异彩，为作品带来奢华感；天然石材和贝壳马赛克则为作品带来自然与原始之美。

马赛克在室内设计中扮演着不可或缺的角色。在墙面，它们可以被设计成抽象的现代艺术品，也可以是细腻的风景画，甚至可以复刻出精美的镶嵌画作，如著名的罗马马赛克画。地面的马赛克设计则更注重耐磨性和防滑性，同时不失美观，尤其在浴室和厨房等湿润环境，马赛克地面的防滑性能尤为重要。在公共场所，如游泳池畔、酒店大堂，甚至是商业空间，马赛克地面设计也能营造出强烈的视觉冲击力，吸引人们的目光。

5.2.2.9　玻化砖

玻化砖，又称全玻化瓷质砖，是一种经过高温烧制，具有高密度、高强度和高光洁度的陶瓷砖（图5-39）。其制作工艺复杂而精细，包括原料选择、配料、球磨、喷雾干燥、陈腐、练泥、压制成型、干燥、烧成、抛光和包装等多个步骤。其中，烧成过程尤为关键，通常需要在超过约650℃的高温下进行长时间烧制，以确保砖体完全瓷化。这种高温

图5-39　玻化砖

烧制技术的进步，使得玻化砖的硬度、耐磨性和防水性能大大提升，现代科技的应用，如自动化生产线和智能控制系统的引入，提高了生产效率和产品质量。

玻化砖的最大特点之一是其出色的耐磨和防滑性能。由于其全瓷化结构，玻化砖的耐磨性远超其他陶瓷砖类别，使其特别适合高人流量和重载区域。其表面经过精细抛光处理，平滑坚硬，不仅增强了其抗刮擦性，也降低了湿气和污渍渗透的可能性。在防滑性能上，玻化砖通常采用特殊的防滑处理，即使在潮湿环境下，其防滑指数依然能保持在安全标准之上，确保了行人和使用者的安全。

玻化砖在大型商业空间中展现出广阔的应用前景，尤其在购物中心、酒店大堂、办公楼、餐厅和机场等高人流量区域，其耐用性和易清洁性被广泛认可。在设计上，玻化砖的色彩丰富，图案多样，可满足各种装修风格的需求，无论是现代简约还是古典优雅，都能找到相匹配的款式。其高度统一的尺寸和颜色，使大面积铺设时，视觉效果更为和谐统一，提升了空间的整体感。

在公共空间中，玻化砖的低维护成本和长寿命是其应用的另一大优势。其坚硬的质地能抵御日常磨损，而其光滑的表面易于清洁，减少了清洁和保养的困扰。玻化砖的高强度和防水性使其在厨房、卫生间等潮湿环境的应用中也表现出色。

总之，玻化砖结合了科技与美学，其在商业空间的应用，既满足了实用需求，又满足了审美追求。随着陶瓷技术的日益发展，使用玻化砖已经逐渐成为室内装饰的主流。

任务5.3　施工工艺

5.3.1　水泥砂浆工法

水泥砂浆工法是指使用水泥砂浆，采用不同的工艺来制作地面的找平或者地坪。水泥砂浆工法分为五类，分别为水泥砂浆找平、自流平找平、水泥砂浆粉光、磐多魔地坪以及仿制清水混凝土（图5-40）。其中，前两类为隐蔽工程，施工完成后还要在上面铺贴砖材等材料。后三类为饰面工程，施工完成后可直接作为地面使用。五类工法分别有不同的施工工艺，需要一一掌握。

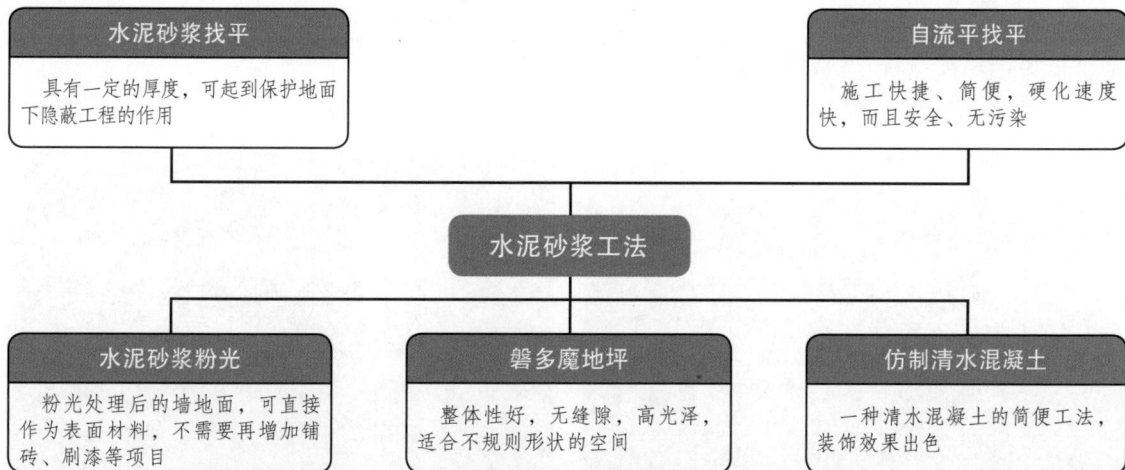

图5-40　水泥砂浆工法

123

5.3.1.1 水泥砂浆找平

水泥砂浆找平是最常见、最通用的一种地面找平工法，通常运用在卧室等空间，用于找平后铺设木地板。水泥砂浆找平的地面如图5-41所示。水泥砂浆找平施工难度和复杂度较低，但具有一定的厚度，当室内的层高较低时，并不适

图5-41　水泥砂浆找平的地面

合采用水泥砂浆找平，而更适合采用自流平找平。水泥砂浆找平在找平的效果、完成度的质量上是略胜一筹的，可以保护地面下预埋的水电管路、地暖管路等，增加安全性。

水泥砂浆找平施工流程如图5-42所示。

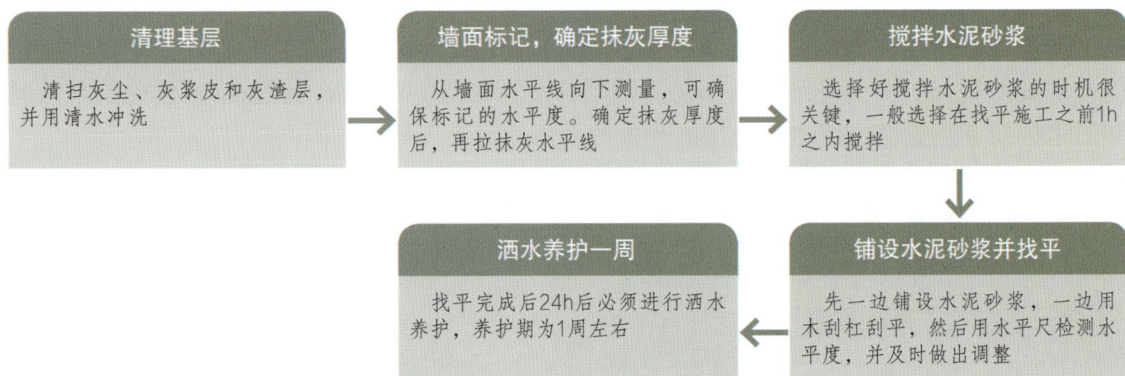

清理基层	墙面标记，确定抹灰厚度	搅拌水泥砂浆
清扫灰尘、灰浆皮和灰渣层，并用清水冲洗	从墙面水平线向下测量，可确保标记的水平度。确定抹灰厚度后，再拉抹灰水平线	选择好搅拌水泥砂浆的时机很关键，一般选择在找平施工之前1h之内搅拌

洒水养护一周	铺设水泥砂浆并找平
找平完成后24h后必须进行洒水养护，养护期为1周左右	先一边铺设水泥砂浆，一边用木刮杠刮平，然后用水平尺检测水平度，并及时做出调整

图5-42　水泥砂浆找平施工流程

水泥砂浆找平施工步骤详解如下。

步骤一：清理基层

（1）清除灰尘、灰渣层。如图5-43所示，先把基层上的灰尘扫掉，接着用钢丝刷干净，刷掉灰浆皮和灰渣层，然后用10%的火碱水溶液刷掉沉积的一些油污，并用清水及时把碱液冲净。

（2）基层表面洒水。用喷壶在地面基层上均匀地洒一遍水。要求洒水均匀，不能出现积水等情况。

步骤二：墙面标记，确定抹灰厚度

如图5-44所示，根据墙上1m处水平线，往下量出面层的标高，并弹在墙面上。根据房

图5-43　清除地面灰尘

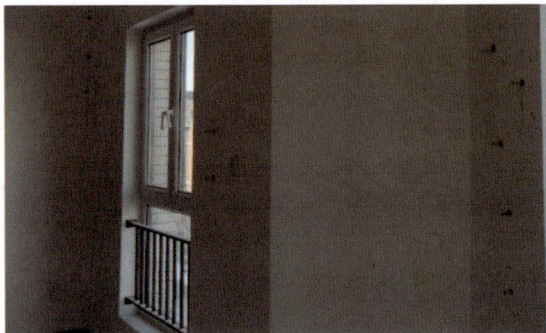

图5-44　测量标记抹灰厚度

间四周墙上弹出的面层标高水平线，确定面层抹灰的厚度，然后拉水平线。

步骤三：搅拌水泥砂浆

如图5-45所示，为保证水泥砂浆搅拌均匀，应采用搅拌机搅拌。搅拌时间应选择在找平之前，搅拌好之后及时使用，防止水泥砂浆干涸。

步骤四：铺设水泥砂浆并找平

（1）涂刷水泥砂浆。在铺设水泥砂浆前，要涂刷一层水泥浆，涂刷面积不要太大，随刷随铺面层的砂浆。涂刷水泥砂浆后要马上铺水泥沙，在灰饼之间把砂浆铺均匀即可。

图5-45　搅拌机搅拌水泥砂浆

（2）找平，检查平整度。如图5-46所示，木刮杠刮平之后，要立即用木抹子搓平，并要随时用2m靠尺检查平整度。木抹子刮平之后，需立即用铁抹子压第一遍，直到出浆为止。

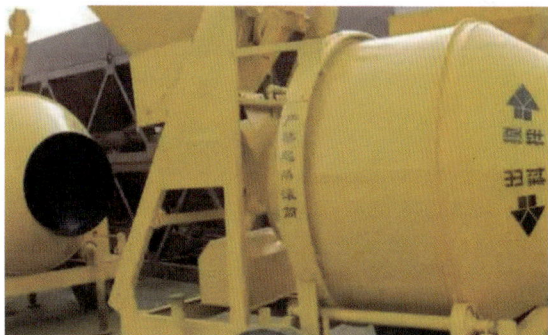

图5-46　靠尺测量找平

步骤五：洒水养护7天

如图5-47所示，地面压光完工后的24h，要铺锯末或用其他材料进行覆盖洒水养护，保持湿润，养护时间不少于7天。

5.3.1.2　自流平找平

自流平找平是一种科技含量高、技术环节比较复杂的地面找平工法，它是由多种活性成分组成的干混型粉状材料，现场拌水即可使用。自流平找平的地面如图5-48所示，稍经刮刀展开，即可获得高平整基面。自流平水泥硬化速度快，4～5h后可上人行走，24h后可进行面层施工。安全、无污染、美观、可快速施工与投入使用，是自流平水泥的特点。自流平一般分为垫层自流平和面层自流平。垫层自流平是垫在木地板、塑胶地板、地毯之类的材料下面使用的，面层自流平可以直接当地面使用。两者之间的品质差异较大。

自流平找平施工流程如图5-49所示。

图5-47　洒水养护

图5-48　自流平找平的地面

对地面进行预处理	涂刷界面剂	倒自流平水泥
自流平水泥施工对地面平整度要求较高，因此使用打磨机对地面凸起处进行打磨处理	界面剂需要涂刷两次，要求每次涂刷均匀，不可出现漏刷等情况。界面剂可增加自流平水泥和地面的粘接效果	先将水泥和水成比例地调匀在一起，然后倒在地面上，一边倒，一边抹平，直至全部完成

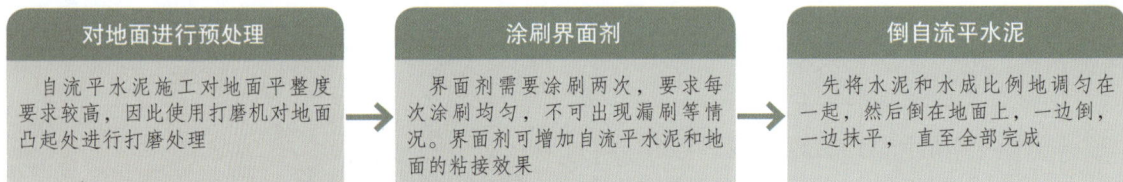

图5-49　自流平找平施工流程

自流平找平施工步骤详解如下。

步骤一：对地面进行预处理

毛坯地面上会有凸出的地方，需要将其打磨掉。一般需要用到打磨机，采用旋转平磨的方式将凸块磨平。

步骤二：涂刷界面剂

如图5-50所示，地面打磨处理后，需要在打磨平整的墙面上涂刷两次界面剂。界面剂能够让自流水泥和地面衔接更紧密。

步骤三：倒自流平水泥

（1）调匀水泥和水的比例。通常水泥和水的比例是1：2，确保水泥能够流动但又不可太稀，否则干燥后强度不够，容易起灰。

（2）使用工具均匀推开水泥。如图5-51所示，倒好自流平水泥后，需要施工人员用工具推干水泥，将水泥推开推平。推干的过程中会有一定的凹凸，这时需要用滚筒将水泥压匀。如果缺少这一步，很容易导致地面局部出现不平，以及后期局部的小块翘空等问题。

图5-50　涂刷两次界面剂

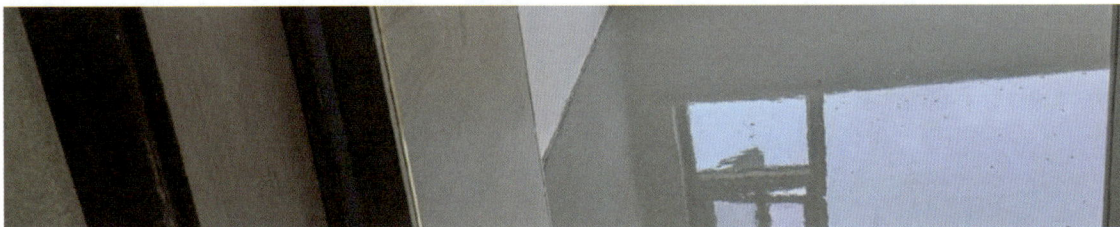

图5-51　均匀推开自流平水泥

5.3.1.3　水泥砂浆粉光

水泥砂浆粉光是一种饰面工程，经过水泥砂浆粉光过后的墙、地面便不需要再在墙面增加铺砖、涂刷漆面等工序。水泥砂浆粉光地面如图5-52所示。水泥砂浆粉光对施工工人

图5-52　水泥砂浆粉光地面

的技术要求较高，稍有不慎，便会出现起粉尘、裂缝等问题。因此，在施工之后的表面涂刷保护剂，可起到防止裂缝、变色以及掉落粉尘等问题。由于水泥砂浆粉光之后的质感粗犷，因此常将这种工艺设计在工业风、现代风等风格的空间中。

水泥砂浆粉光施工流程如图5-53所示。

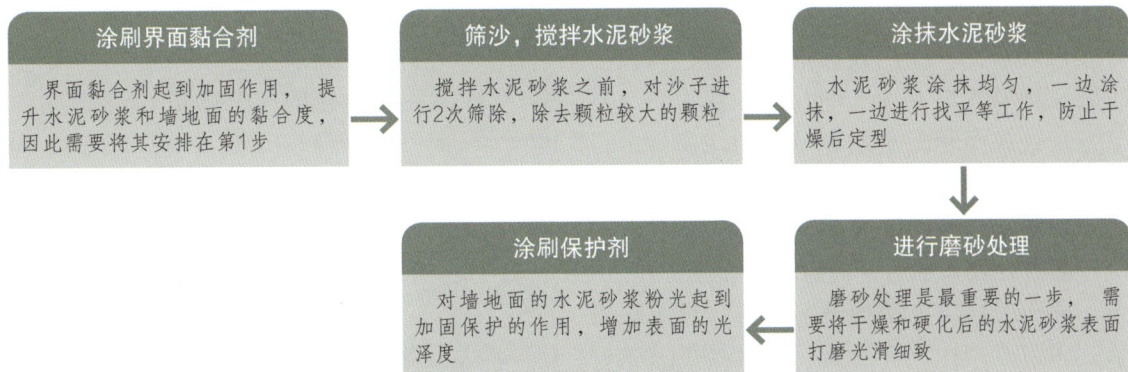

涂刷界面黏合剂	筛沙，搅拌水泥砂浆	涂抹水泥砂浆
界面黏合剂起到加固作用，提升水泥砂浆和墙地面的黏合度，因此需要将其安排在第1步	搅拌水泥砂浆之前，对沙子进行2次筛除，除去颗粒较大的颗粒	水泥砂浆涂抹均匀，一边涂抹，一边进行找平等工作，防止干燥后定型

涂刷保护剂	进行磨砂处理
对墙地面的水泥砂浆粉光起到加固保护的作用，增加表面的光泽度	磨砂处理是最重要的一步，需要将干燥和硬化后的水泥砂浆表面打磨光滑细致

图5-53　水泥砂浆粉光施工流程

水泥砂浆粉光施工步骤详解如下。

步骤一：涂刷界面黏合剂

界面黏合剂用于增加墙地面和水泥砂浆粘接的牢固度。如图5-54所示，黏合剂采用益胶泥，益胶泥黏结力大、抗渗性好、耐水、耐裂，施工适应性好，能在立面和潮湿基面上进行操作。先将益胶泥均匀地涂刷在墙地面中，然后准备涂抹水泥砂浆。

步骤二：筛沙，搅拌水泥砂浆

（1）筛除沙子中的大颗粒。如图5-55

图5-54　兑入水分的益胶泥

所示，将买来的沙子进行两次筛除，将里面的大颗粒全部筛除出去，留下细沙。

（2）搅拌水泥砂浆。如图5-56所示，将细沙与水泥搅拌在一起，既可直接在地面中搅拌，又可在桶中搅拌，便于施工。

图5-55　筛沙完成后分堆

图5-56　搅拌水泥砂浆

步骤三：涂抹水泥砂浆

如图5-57所示，涂抹在墙面中的水泥砂浆厚度应保持在15mm，涂抹在地面中的水泥砂浆应保持在25mm。一边涂抹水泥砂浆，一边找平。全部涂抹完成后，使用水平尺检测水平度和垂直度。

步骤四：进行磨砂处理

（1）等待水泥砂浆干燥。表面磨砂处理需等待水泥砂浆待完全干燥和硬化之后，再进行磨砂施工，一般需要等待12~24h。

（2）磨砂处理。如图5-58所示，使用磨砂机对水泥砂浆的表面进行打磨，将表面研磨至细腻光滑，没有明显的颗粒为止。对于转角处或面积较小的区域，则使用砂纸打磨，持续2~3次才能将表面磨至光滑。

步骤五：涂刷保护剂

磨砂处理完成后，需对墙地面养护7~14天。养护期过后，对表面进行处理，如图5-59所示，涂刷保护剂。对于墙面，选择涂刷泼水剂；对于地面，涂刷硬化剂，以起到保护作用。

图5-57　墙面涂抹水泥砂浆

图5-58　水泥砂浆粉光地面

5.3.1.4　磐多魔地坪

磐多魔是一种新型的材料，这种材质非常坚固，而且保养方便。如图5-60所示，磐多魔地坪不同于传统块状拼接地坪，其能保持地坪的完整度，没有缝隙，不会收缩。因此，磐多魔地坪适合设计在多边形的空间，可完美适应空间的多种不同变化，并带来视觉延伸扩大的效果。磐多魔地坪有多种颜色可以选择，类似天然石材的质感，有较高的光泽度。

图5-59　涂刷保护剂

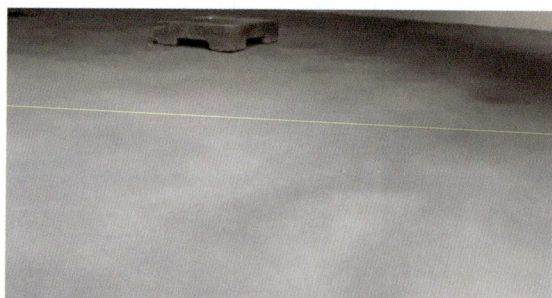

图5-60　磐多魔地坪

磐多魔地坪施工流程如图5-61所示。

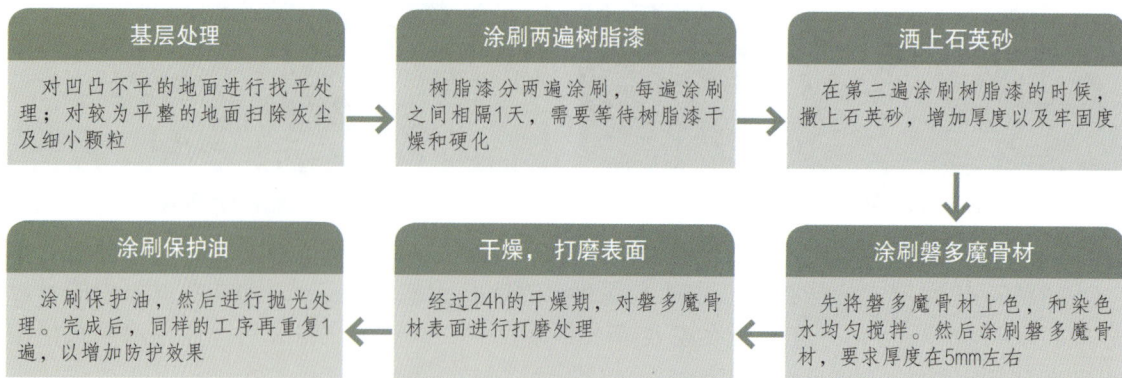

基层处理	涂刷两遍树脂漆	洒上石英砂
对凹凸不平的地面进行找平处理；对较为平整的地面扫除灰尘及细小颗粒	树脂漆分两遍涂刷，每遍涂刷之间相隔1天，需要等待树脂漆干燥和硬化	在第二遍涂刷树脂漆的时候，撒上石英砂，增加厚度以及牢固度

涂刷保护油	干燥，打磨表面	涂刷磐多魔骨材
涂刷保护油，然后进行抛光处理。完成后，同样的工序再重复1遍，以增加防护效果	经过24h的干燥期，对磐多魔骨材表面进行打磨处理	先将磐多魔骨材上色，和染色水均匀搅拌。然后涂刷磐多魔骨材，要求厚度在5mm左右

图5-61　磐多魔地坪施工流程

磐多魔地坪施工步骤详解如下。

步骤一：基层处理

（1）找平处理。磐多魔地坪施工对地面的平整度要求较高，若表面凹凸不平，则需要对地面进行找平工艺处理，如图5-62所示。

（2）清扫表面。将浮在地面的灰尘以及细小颗粒清扫干净，并洒少量的水进行清洗。

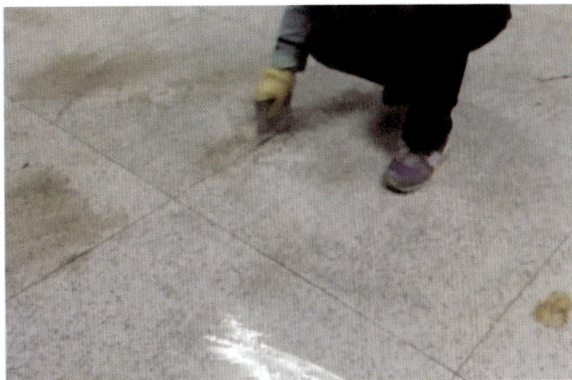

图5-62　清扫地面

步骤二：涂刷两遍树脂漆

（1）第一遍涂刷树脂漆。如图5-63所示，待地面完全干燥后，涂刷第一遍树脂漆，厚度在1.5mm左右，只需要薄薄的一层即可。要求涂刷均匀，薄厚一致。

（2）第二遍涂刷树脂漆。过24h后开始涂刷第二遍树脂漆，厚度同样保持在1.5mm左右，要求涂刷均匀，薄厚一致。

步骤三：洒上石英砂

在第二遍树脂漆涂刷完成，且没有硬化之前，均匀地撒上石英砂，起到增强结构的作用。石英砂可增加涂层的厚度、硬度以及面漆的咬合度。

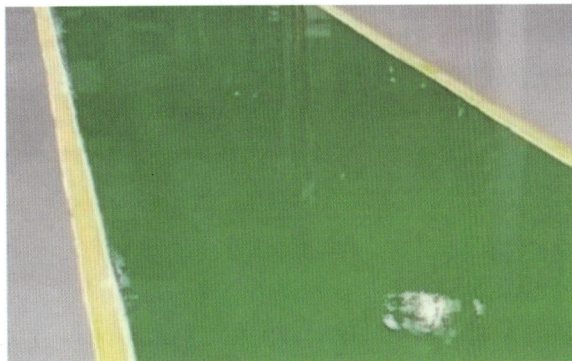

图5-63　涂刷树脂漆

步骤四：涂刷磐多魔骨材

（1）兑入染色水，并均匀搅拌。先加入染色水改变磐多魔的颜色，然后充分均匀地搅拌。搅拌过程中容易产生气泡，需注意待磐多魔骨材没有起泡后才可进行涂刷。

（2）涂刷磐多魔骨材。如图5-64所示，将磐多魔骨材均匀地涂刷到地面中，厚度保持在5mm左右。涂抹的过程中，应不断进行找平。

步骤五：干燥，打磨表面

磐多魔骨材一般需要经过24h可干燥和硬化，即可使用打磨机对磐多魔骨材进行打磨，也可以使用砂纸打磨。

步骤六：涂刷保护油

如图5-65所示，打磨完成后，开始涂刷保护油，要求薄厚一致，均匀涂刷。待表

图5-64　掺有绿染色水的磐多魔骨材

图5-65　涂刷保护油

面干燥和硬化后，使用打蜡机进行抛光处理。此工序需要重复两遍，起到加强防护的作用。

5.3.1.5 仿制清水混凝土

清水混凝土，因其极具装饰效果，也被称为装饰混凝土。它以不做任何装饰的自然水泥墙面为显著特征。而仿制清水混凝土就是利用清水混凝土砂浆在不同的基面做出清水混凝土的艺术效果，如图5-66所示。

仿制清水混凝土施工流程如图5-67所示。

图5-66　仿制清水混凝土墙面

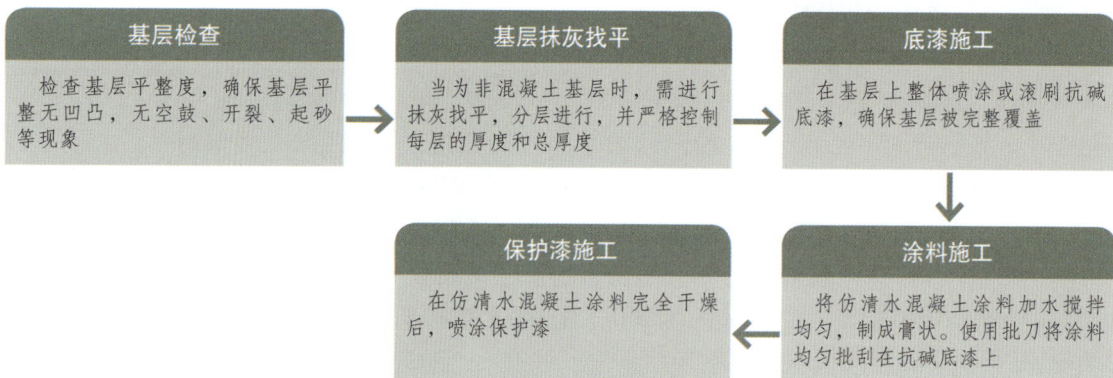

基层检查	基层抹灰找平	底漆施工
检查基层平整度，确保基层平整无凹凸、无空鼓、开裂、起砂等现象	当为非混凝土基层时，需进行抹灰找平，分层进行，并严格控制每层的厚度和总厚度	在基层上整体喷涂或滚刷抗碱底漆，确保基层被完整覆盖

保护漆施工	涂料施工
在仿清水混凝土涂料完全干燥后，喷涂保护漆	将仿清水混凝土涂料加水搅拌均匀，制成膏状。使用批刀将涂料均匀批刮在抗碱底漆上

图5-67　仿制清水混凝土施工流程

仿制清水混凝土施工步骤详解如下。

步骤一：基层检查

基层强度应满足涂刷要求，不得低于涂刷涂料的强度。基层表面应清洁，无浮浆、尘土、油污等杂质，如图5-68所示。

步骤二：基层抹灰找平

抹灰层应粘接牢固，无空鼓、开裂现象。对基层表面的裂缝、孔洞等缺陷进行修补，确保表面平整。基层修补完成后，使用砂纸进行打磨，使表面更加光滑细腻（图5-69）。

图5-68　毛坯墙体基层检查

图5-69　仿制清水混凝土基层抹灰找平

步骤三：底漆施工

抗碱底漆能够增强涂层的附着力，防止涂层泛碱。等待抗碱底漆完全干燥后，方可进行下一道工序（图5-70）。

步骤四：涂料施工

使用批刀将涂料均匀批刮在抗碱底漆上。如果是纯色造型，则均匀批刮；如果是花样斑驳效果，则进行技巧性批刮（图5-71）。

图5-70 仿制清水混凝土底漆施工

图5-71 仿制清水混凝土涂料施工

步骤五：保护漆施工

保护漆能够增强仿清水混凝土涂层的耐候性、防水性和防污性。施工时应确保环境温度和湿度适宜，避免在雨雪天气或极端高温、低温条件下施工（图5-72）。

5.3.2 砖材工法

砖材工法是指铺贴墙地砖的施工方法，一般分为两种。一种是干式施工法（即硬底施工），即先用半干的水泥砂浆铺底，确定水平后再用湿浆固定地砖。这种工法是目前运用最广泛的施工工法，但干式施工

图5-72 仿制清水混凝土保护漆施工

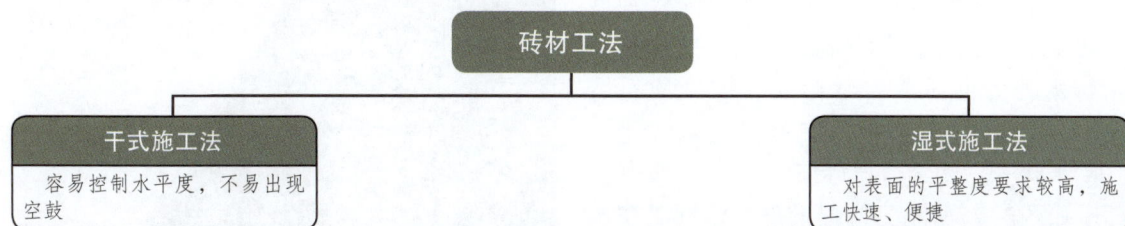

法是技术性较强、劳动强度较大的施工项目。一般砖材的铺装，在基层地面已经处理完、辅助材料齐备的前提条件下，每名工人每天铺装$6m^2$左右。如果加上前期的基层处理和后期铺贴后的养护，每名工人每天实际铺装$4m^2$左右。在有成品保护的条件下，砖材干式施工可同油漆施工、安装施工一起进行。另一种是湿式施工法（即软底施工），即在硬质的基层上直接用少量的水泥砂浆铺贴墙地砖，条件是原地面足够水平或先用水泥找平，条件要求高，平整度不易掌控，易出现空鼓。这种工法的施工更加快速、便捷，属于新型的砖材施工工艺。湿式施工法所需的砖材主要分为釉面砖、通体砖、抛光砖、玻化砖、陶瓷锦砖等。在施工前，应仔细检查所用砖材的尺寸、色差、品种，防止混等混级。其表面不能存在划痕、掉色、缺棱掉角的情况。砖材工法的内容如图5-73所示。

砖材工法

干式施工法
容易控制水平度，不易出现空鼓

湿式施工法
对表面的平整度要求较高，施工快速、便捷

图5-73 砖材工法的内容

5.3.2.1 干式施工法

干式（硬底）施工法常运用在地面中，如图5-74所示，先在地面铺上半干的水泥砂浆，调整平整度，然后在上面铺贴地砖。在干式施工法中，对地面的平整度要求较低，只要将地面清扫干净，即可展开铺贴施工。铺贴施工遵循从局部到整体，从边角到中间的原则，使砖材之间的缝隙均匀，大小一致，也可确保不浪费砖材材料。

干式施工法施工流程如图5-75所示。

图5-74 水泥砂浆找平的地面

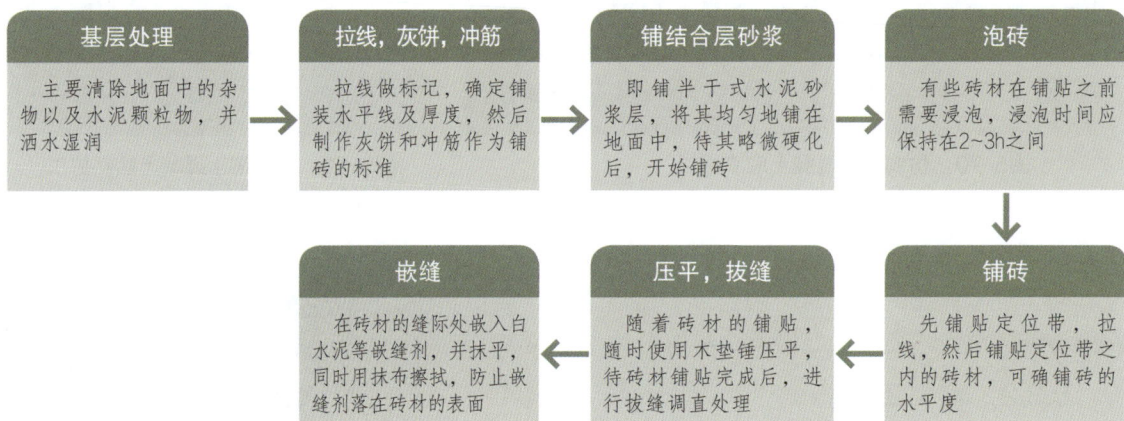

基层处理	拉线，灰饼，冲筋	铺结合层砂浆	泡砖
主要清除地面中的杂物以及水泥颗粒物，并洒水湿润	拉线做标记，确定铺装水平度及厚度，然后制作灰饼和冲筋作为铺砖的标准	即铺半干式水泥砂浆层，将其均匀地铺在地面中，待其略微硬化后，开始铺砖	有些砖材在铺贴之前需要浸泡，浸泡时间应保持在2~3h之间

嵌缝	压平，拔缝	铺砖
在砖材的缝际处嵌入白水泥等嵌缝剂，并抹平，同时用抹布擦拭，防止嵌缝剂落在砖材的表面	随着砖材的铺贴，随时使用木垫锤压平，待砖材铺贴完成后，进行拔缝调直处理	先铺贴定位带，拉线，然后铺贴定位带之内的砖材，可确铺砖的水平度

图5-75 干式施工法施工流程

干式施工法施工步骤详解如下。

步骤一：基层处理

如图5-76所示，将地面中的大颗粒以及各种装修废料清理出现场，在地面上洒水阴湿，注意不可洒水过多，导致地面发生积水等情况。

步骤二：拉线，灰饼，冲筋

（1）拉线做标记，并制作灰饼。先根据墙面的50线弹出地面建筑标高线和踢脚线上口线，然后在房间四周做灰饼。灰饼表面应比地面建筑标高低一块砖的厚度。

（2）冲筋。厨房及卫生间内陶瓷地砖应比楼层地面建筑标高低20mm，并从地漏和排水孔方向做放射状标筋，坡度应符合设计要求。

步骤三：铺结合层砂浆

如图5-77所示，应提前浇水湿润基层，刷一遍水泥素浆，随刷随铺1∶3的干硬性水泥

图5-76 地面洒水阴湿

图5-77 铺干硬性水泥砂浆

砂浆，根据标筋标高，先将砂浆用刮尺拍实刮平，再用长刮尺刮一遍，然后用木抹子搓平。

步骤四：泡砖

如图5-78所示，将选好的陶瓷地砖清洗干净，放入清水中浸泡2~3h后，取出晾干备用。

步骤五：铺砖

（1）铺贴纵横定位带。如图5-79所示，按线先铺纵横定位带，定位带间隔15~20块砖，定位带的砖材铺贴完之后，再铺定位带内的陶瓷地砖。铺砖时，应抹素水泥浆，并按陶瓷地砖的控制线铺贴。

图5-78　浸泡地砖

图5-79　铺装施工步骤与细节

（2）从门口处开始铺贴。从门口开始，向两边铺贴，这种方式可将完整的砖材全部露在外面，而边角切割的砖材既可隐藏起来，也可按纵向控制线从里向外倒着铺。

（3）铺贴踢脚线、楼梯踏步等。踢脚线应在地面做完后铺贴；楼梯和台阶踏步应先铺贴踢板，后铺贴踏板，铺贴踏板时先铺贴防滑条；镶边部分应先铺镶。

步骤六：压平，拔缝

（1）木垫锤拍打压实。如图5-80所示，每铺完一个房间或区域，先用喷壶洒水大约15min，然后用木锤、垫硬木拍板按铺砖顺序拍打一遍，不得漏拍，在压实的同时用水平尺找平。

（2）拔缝调直。如图5-81所示，压实后拉通线，先竖缝后横缝进行拔缝调直，使缝口平直、贯通。调缝后，再用木锤、拍板拍平。如陶瓷地砖有破损，应及时更换。

图5-80　木垫锤拍打压实

图5-81　拔缝调直

步骤七：嵌缝

如图5-82所示，陶瓷地砖铺完2天后，将缝口清理干净，并刷水湿润，用水泥浆嵌缝。如果是彩色地面砖，则用白水泥或调色水泥浆嵌缝，嵌缝做到密实、平整、光滑。在水泥砂浆凝结前，应彻底清理砖面灰浆，并将地面擦拭干净。

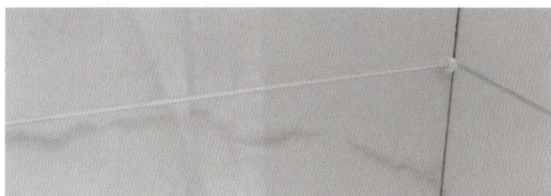

图5-82 白水泥嵌缝

5.3.2.2 湿式施工法

湿式（软底）施工法常运用在墙面上，如图5-83所示，在砖材的背面涂抹上水泥砂浆，直接铺贴到墙面上。由于墙面通常都会先进行抹灰找平等工序，因此可满足湿式施工对表面平整度的高要求。砖材湿式施工的厚度较薄，不会占用过多的空间面积，因此

图5-83 墙面砖材湿式铺贴

适合铺贴在墙面上。同时，砖材湿式施工可增加砖材和墙面的粘接牢固度，不用担心墙砖可能出现掉落等问题。

湿式施工法施工流程如图5-84所示。

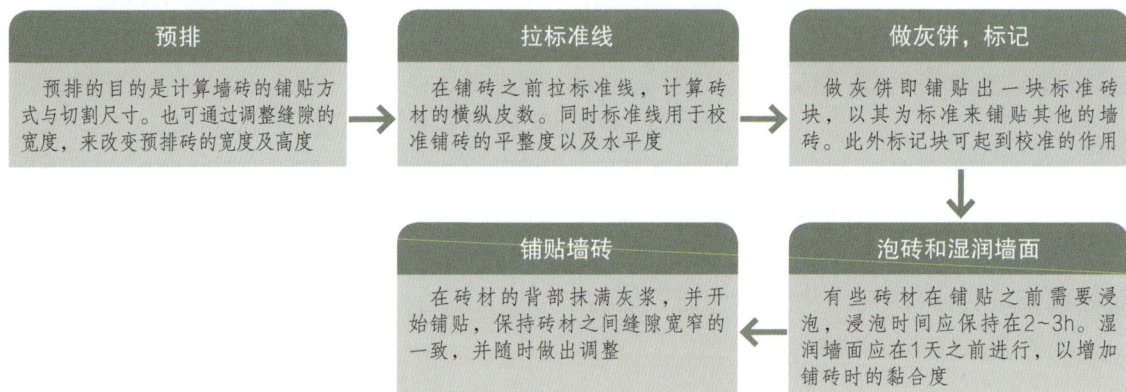

预排
预排的目的是计算墙砖的铺贴方式与切割尺寸。也可通过调整缝隙的宽度，来改变预排砖的宽度及高度

拉标准线
在铺砖之前拉标准线，计算砖材的横纵皮数。同时标准线用于校准铺砖的平整度以及水平度

做灰饼，标记
做灰饼即铺贴出一块标准砖块，以其为标准来铺贴其他的墙砖。此外标记块可起到校准的作用

铺贴墙砖
在砖材的背部抹满灰浆，并开始铺贴，保持砖材之间缝隙宽窄的一致，并随时做出调整

泡砖和湿润墙面
有些砖材在铺贴之前需要浸泡，浸泡时间应保持在2~3h。湿润墙面应在1天之前进行，以增加铺砖时的黏合度

图5-84 湿式施工法施工流程

湿式施工法施工步骤详解如下。

步骤一：预排

（1）预排砖。墙砖镶贴前应预排，如图5-85所示，要注意同一墙面的横竖排列，不得有1行以上的非整砖。非整砖应排在次要部位或阴角处，排砖时可用调整砖缝宽度的方法解决。

（2）调整接缝宽度。当无设计规定时，接缝宽度可在1~1.5mm调整。在管线、灯具、卫生设备支撑等部位，应用整砖套割吻合，不得用非整砖拼凑镶贴，以保证美观效果。

图5-85 墙面预排砖

步骤二：拉标准线

（1）计算横纵皮数。根据室内标准水平线，找出地面标高，按贴砖的面积计算纵横的皮数，用水平尺找平，并弹出釉面砖的水平和垂直控制线，如图5-86所示。

（2）镶边位置预分配。如用阴阳三角镶边时，则应先将镶边位置预分配好。纵向不足整砖的部分，留在最后一行与地面连接处。

步骤三：做灰饼，标记

（1）铺贴标记块。为了控制整个镶贴釉面砖表面的平整度，在正式镶贴前，可在墙上粘废釉面砖作为标志块，上下用托线板挂直，作为粘贴厚度的依据，横向每隔1.5m左右做一个标志块，用拉线或靠尺校正平整度，如图5-87所示。

图5-86　在砖材表面拉出水平和垂直控制线

图5-87　铺贴标记块

（2）处理阴角处镶边。在门洞口或阳角处，如有阴三角镶过时，则应将尺寸留出先铺贴一侧的墙面，并用托线板校正靠直。如无镶边，应双面挂直。

步骤四：泡砖和湿润墙面

（1）浸泡釉面砖。釉面砖粘贴前应先放入清水中浸泡2h以上，然后取出晾干，用手按砖背无水迹时方可粘贴。冬季宜在掺入2%盐的温水中浸泡。

（2）湿润墙面。湿润墙面如图5-88所示。砖墙面要提前1天湿润好，混凝土墙面可以提前3～4天湿润，以免吸走黏结砂浆中的水分。

图5-88　湿润墙面

步骤五：铺贴墙砖

（1）釉面砖背面抹满灰浆。如图5-89所示，在釉面砖背面抹满灰浆，四周刮成斜面，厚度应在5mm左右，注意边角要满浆。当釉面砖贴在墙面时应用力按压，并用灰铲木柄轻击砖面，使釉面砖紧密粘于墙面。

（2）铺装并校正。铺完整行的砖后，用长靠尺横向校正一次。对高于标志块的应轻轻敲击，使其平齐；若低于标志块，应取下砖，重新抹满刀灰铺贴，不得在砖口处塞灰，否则会产生空鼓。

（3）保持缝隙的宽窄一致。当釉面砖的规格尺寸或几何尺寸形状不等时，应在铺贴时随时调整，使缝隙宽窄一致。当贴到最上一行时，要求上口呈一条直线。

图5-89　墙砖铺贴步骤及细节

　　上口如没有压条，应用一边圆的釉面砖，阴角的大面一侧也用一边圆的釉面砖，这一排的最上面一块应用两边圆的釉面砖。

　　（4）洗面盆位置排砖。在有洗面盆、镜子等的墙面上，应以洗面盆下水管部位为准，往两边排砖。

5.3.3　石材工法

　　石材工法是指天然石材或人造石材在地面和墙面上的铺贴工法。石材的施工工法主要有五种，分别为硬底施工、干式施工、干挂施工、半湿式施工以及无缝工艺（图5-90）。其中硬底施工主要指地面石材的施工工法；干式施工、干挂施工主要指墙面石材的施工工法；半湿式施工主要指局部的地面石材施工工法；无缝工艺指将石材的接缝处经过研磨处理成无缝的视觉效果工艺。石材的各种工法中，硬底施工、干式施工是最常见的施工工法，干挂施工属于更高级的施工工法，可将厚重的石材固定得更加牢靠。

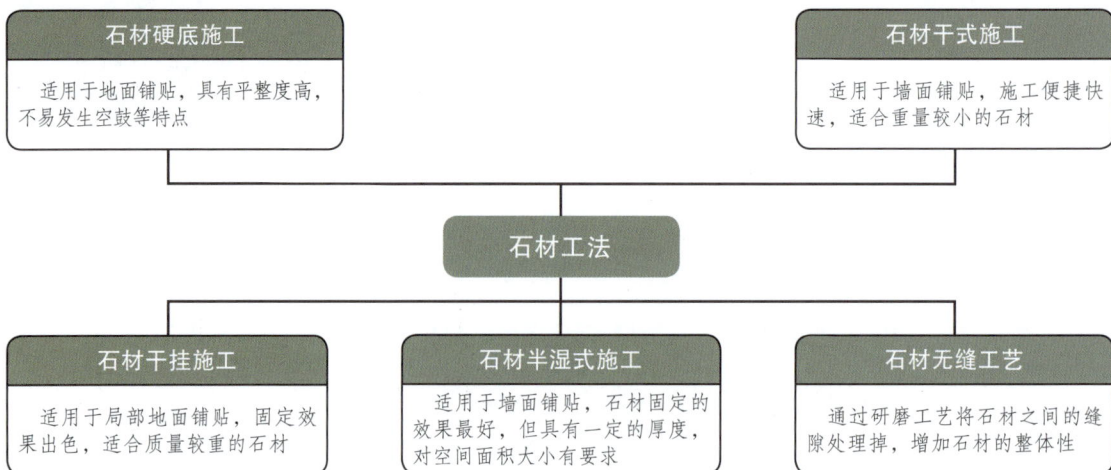

石材硬底施工
适用于地面铺贴，具有平整度高，不易发生空鼓等特点

石材干式施工
适用于墙面铺贴，施工便捷快速，适合重量较小的石材

石材工法

石材干挂施工
适用于局部地面铺贴，固定效果出色，适合质量较重的石材

石材半湿式施工
适用于墙面铺贴，石材固定的效果最好，但具有一定的厚度，对空间面积大小有要求

石材无缝工艺
通过研磨工艺将石材之间的缝隙处理掉，增加石材的整体性

图5-90　石材工法的内容

5.3.3.1　石材硬底施工

石材硬底施工工法与砖材的干式施工工法相似，是同样运用于地面上的施工工法。如图5-91所示，石材硬底施工是先在地面上铺匀半干式水泥砂浆，然后在石材背面涂抹水泥砂浆，将其铺贴到地面中。这种施工工法可提高石材铺贴的平整度，减少空鼓、缝隙不均匀等问题。

石材硬底施工流程如图5-92所示。

图5-91　石材硬底施工

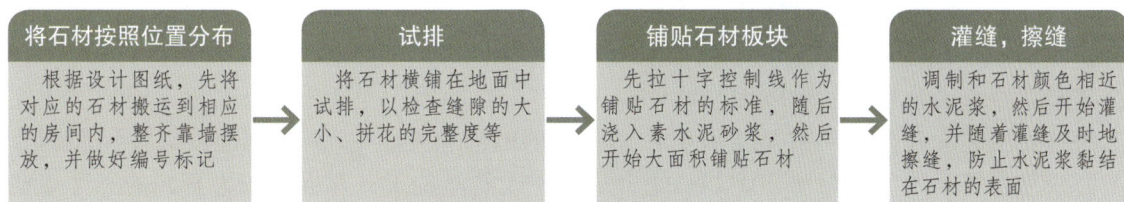

将石材按照位置分布	试排	铺贴石材板块	灌缝，擦缝
根据设计图纸，先将对应的石材搬运到相应的房间内，整齐靠墙摆放，并做好编号标记	将石材横铺在地面中试排，以检查缝隙的大小、拼花的完整度等	先拉十字控制线作为铺贴石材的标准，随后浇入素水泥砂浆，然后开始大面积铺贴石材	调制和石材颜色相近的水泥浆，然后开始灌缝，并随着灌缝及时地擦缝，防止水泥浆黏结在石材的表面

图5-92　石材硬底施工流程

石材硬底施工步骤详解如下。

步骤一：将石材按照位置分布

在正式铺设前，对每一个房间的石材（或花岗石）板块，都应按图案、颜色、纹理试拼，将非整块板对称排放在房间靠墙部位，试拼后按两个方向编号排列，然后按编号码放整齐。

步骤二：试排

在房间内的两个相互垂直的方向铺两条干砂，其宽度大于板块宽度，厚度不小于3cm。如图5-93所示，结合施工大样图及房间实际尺寸，把石材（或花岗石）板块排好，以便检查板块之间的缝隙，核对板块与墙面、柱、洞口等部位的相对位置。

步骤三：铺贴石材板块

（1）拉十字控制线。根据房间拉的十字控制线，纵横各铺一行，作为大面积铺贴标筋用。依据试拼时的编号、图案及试排

图5-93　石材拼花试排

时的缝隙（板块之间的缝隙宽度，当设计无规定时应不大于1mm），在十字控制线交点开始铺贴。当贴到最上一行时，要求上口呈一条直线。上口如没有压条，应用一边圆的釉面砖，阴角的大面一侧也用一边圆的釉面砖，这一排的最上面一块应用两边圆的釉面砖。

（2）浇素水泥浆，铺贴石材。正式铺贴，先在水泥砂浆结合层上满浇一层水灰比为1:2的素水泥浆（用浆壶浇均匀），再铺板块，安放时四角同时往下落，用橡胶锤或木锤轻击木垫板，根据水平线用铁水平尺找平。

（3）以纵、横石材为标准铺贴。铺完第一块，向两侧和后退方向顺序铺贴。铺完纵、横行之后便有了标准，可分段分区依次铺贴，一般房间宜先里后外进行，逐步退至门口，便于成品保护，但必须注意与楼道相呼应。也可从门口处往里铺贴，板块与墙角、镶边和靠墙处应紧密砌合，不得有空隙。

步骤四：灌缝，擦缝

（1）调制水泥浆灌缝。根据石材（或花岗石）颜色，选择相同颜色矿物颜料和水泥（或白水泥）拌和均匀，调成1：1稀水泥浆，用浆壶徐徐灌入板块之间的缝隙中（可分几次进行），并用长把刮板把流出的水泥浆刮向缝隙内，至基本灌满为止。

（2）擦缝。灌浆1~2h后，用棉纱团蘸原稀水泥浆擦缝与板面擦平，同时将板面上的水泥浆擦净，使石材（或花岗石）面层的表面洁净、平整、坚实，以上工序完成后，面层加以覆盖。养护时间不应小于7天。

5.3.3.2 石材干式施工

石材干式施工是指石材铺贴在墙面上的一种高级工法（图5-94）。方法是先用螺栓将石材在墙面上固定好，然后在一块石材上开槽，先用T形架将石材固定，再将T形架和螺栓固定在一起，这样的石材墙面与墙体本身虽有一定距离，但固定性好。由于石材干式施工的特殊工艺，决定了干式施工将会占用一定的墙面厚度，一般在25mm以上。因此，对于面积较小的卫生间、厨房等，并不适合采用干式石材施工；在面积较为宽阔的客厅等空间，则比较适合采用石材干式施工工法。

图5-94　石材干式施工

石材干式施工流程如图5-95所示。

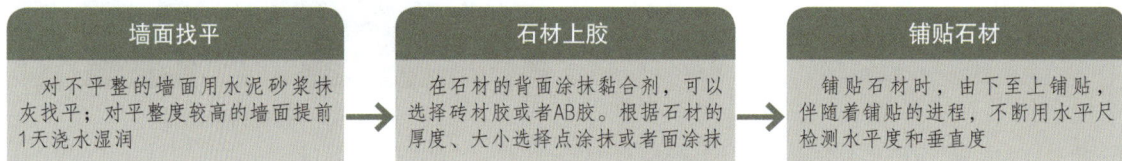

墙面找平	石材上胶	铺贴石材
对不平整的墙面用水泥砂浆抹灰找平；对平整度较高的墙面提前1天浇水湿润	在石材的背面涂抹黏合剂，可以选择砖材胶或者AB胶。根据石材的厚度、大小选择点涂抹或者面涂抹	铺贴石材时，由下至上铺贴，伴随着铺贴的进程，不断用水平尺检测水平度和垂直度

图5-95　石材干式施工流程

石材干式施工步骤详解如下。

步骤一：墙面找平

（1）抹灰找平。墙面抹灰找平时应分层涂抹，以免一次涂抹厚度较厚，浆内外收缩不一致而导致开裂。一般涂抹水泥砂浆时，每遍厚度以5~7mm为宜，共涂抹2~3层。

（2）清理墙面，浇水湿润。将墙面中凸起的颗粒与灰尘等清洁干净，并提前1天浇水湿润。要求浇水要均匀洒满墙面，不可同一位置浇水时间过久，影响后续铺贴大理石。

步骤二：石材上胶

如图5-96所示，在石材的背面均匀涂抹上砖材胶黏合剂，根据石材的厚度大小，可选择点涂或者面涂。点涂在石材的四角和中间五个位置；面涂在石材的背面，并均匀地涂刷。

步骤三：铺贴石材

（1）从下向上开始铺贴。从墙面的下方沿着基准线开始铺贴，一层铺贴完成后，再向上铺贴一层，直至铺贴完成。

（2）检测水平、垂直度。如图5-97所示，随着石材向上铺贴几层之后，用靠尺或水平尺检查水平度和垂直度，对不符合标准的石材重新铺贴。

图5-96　石材背面涂黏合剂

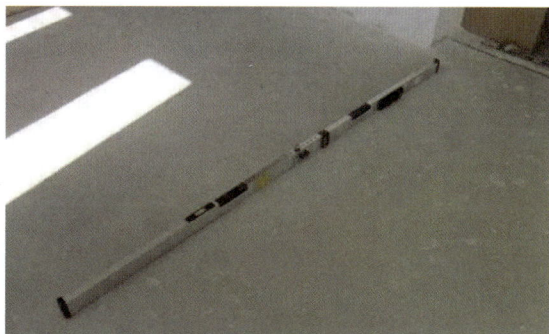

图5-97　水平尺检查石材平整度

5.3.3.3　石材干挂施工

石材干挂施工又名石材悬空挂法，是墙面施工中一种较为新型的施工工艺，如图5-98所示。方法是用轻钢龙骨及金属挂件将石材直接吊挂于墙面上，不需要再进行灌浆铺贴。其原理为在建筑的主体结构上设置主要受力点，通过金属挂件将石材固定在建筑物表面，形成装饰效果。此外，石材干挂式施工可以有效避免传统湿贴工艺会出现的石材空鼓、开裂、脱落等现象，明显提高了使用空间的安全性和耐久性。其在一定程度上改善了施工人员的劳动条件，降低了劳动强度，从而可以加快工程的进度。

图5-98　石材干挂施工

石材干挂施工流程如图5-99所示。

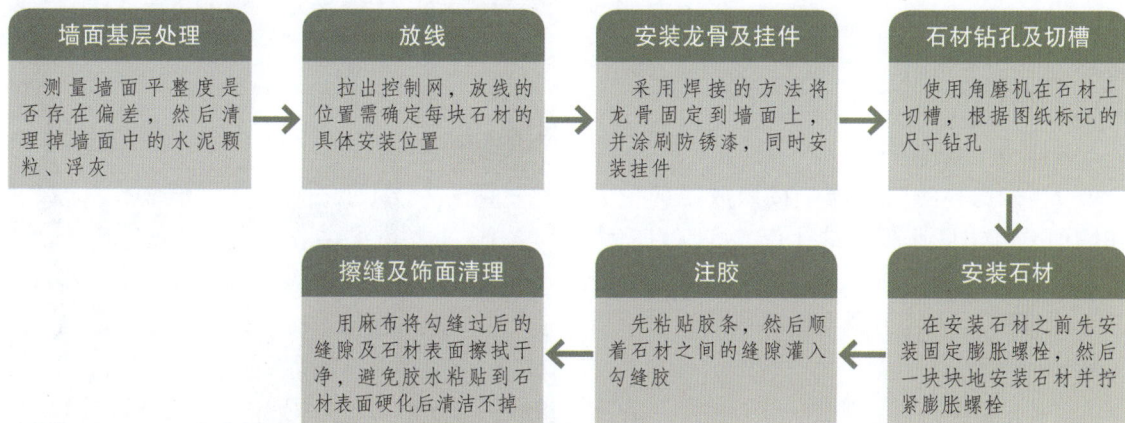

墙面基层处理	放线	安装龙骨及挂件	石材钻孔及切槽
测量墙面平整度是否存在偏差，然后清理掉墙面中的水泥颗粒、浮灰	拉出控制网，放线的位置需确定每块石材的具体安装位置	采用焊接的方法将龙骨固定到墙面上，并涂刷防锈漆，同时安装挂件	使用角磨机在石材上切槽，根据图纸标记的尺寸钻孔

擦缝及饰面清理	注胶	安装石材
用麻布将勾缝过后的缝隙及石材表面擦拭干净，避免胶水粘贴到石材表面硬化后清洁不掉	先粘贴胶条，然后顺着石材之间的缝隙灌入勾缝胶	在安装石材之前先安装固定膨胀螺栓，然后一块块地安装石材并拧紧膨胀螺栓

图5-99　石材干挂施工流程

石材干挂施工步骤详解如下。

步骤一：墙面基层处理

（1）测量墙面偏差。偏差实测采取经纬仪投测与垂直、水平挂线相结合的方法，如图5-100所示。及时记录测量结果并绘制实测成果，提交技术负责人。

（2）清理墙面。基层墙面必须清理干净，不得有浮土、浮灰，将其找平并涂好防潮层。

步骤二：放线

按设计要求在墙面上弹出控制网，由中心向两边弹放，应弹出每块板的位置线和每个挂件的具体位置。

步骤三：安装龙骨及挂件

（1）连接件龙骨焊接固定。如图5-101所示，连接件采用角钢与结构预埋铁三面围焊。焊接完成，按规定除去药皮并进行焊缝隐检，合格后刷防锈漆三遍。

（2）挂件安装。待连接件或次龙骨焊接完成后，用不锈钢螺栓对不锈钢挂件进行连接。T形不锈钢挂件位置通过挂件螺栓孔的自由度调整，待板面垂直无误后，再拧紧螺栓，螺栓拧紧度以不锈钢弹簧垫完全压平为准。

步骤四：石材钻孔及切槽

采用销钉式挂件和挂钩式挂件时，可用冲击钻在石材上钻孔，如图5-102所示。采用插片式挂件时可用角磨机在石材上切槽。为保证所开孔、槽的准确度和减少石材破损，应使用专门的机架，以固定板材和钻机等。

步骤五：安装石材

（1）安装膨胀螺栓。按照放线的位置在墙面上打出膨胀螺栓的孔位，孔深以略大于膨胀螺栓套管的长度为宜。埋设膨胀螺栓并予以紧固，最后用测力扳手检测连接螺母的旋紧力度。

（2）安装石材。如图5-103所示，在安装膨胀螺栓的同时将直角连接板固定，然后安装锚固连接板，在上层石材底面的切槽和

图5-100　水平仪测量

图5-101　安装龙骨结构

图5-102　石材钻孔

图5-103　安装石材

下层石材上端的切槽内涂胶。石材就位后，将插片进入上、下层石材的槽内，调整位置后拧紧连接板螺栓。

步骤六：注胶

（1）粘贴胶条保护。为保证拼缝两侧石材不被污染，应在拼缝两侧的石板上贴胶带纸保护，打完胶后再撕掉。

（2）涂抹勾缝胶。石材安装完毕后，经检查无误，清扫拼接缝后即可嵌入橡胶条或泡沫条。然后打勾缝胶封闭（图5-104），注胶要均匀，胶缝应平整饱满，亦可稍凹于板面。

图5-104　涂抹勾缝胶

步骤七：擦缝及饰面清理

石材安装完毕后，清除所有的石膏和余浆痕迹，用麻布擦洗干净。按石材的出厂颜色调成色浆嵌缝，边嵌边擦干净，以便缝隙密实均匀、干净颜色一致。

5.3.3.4　石材半湿式施工

石材半湿式施工是指石材在地面中某个局部进行铺贴的工法，如石材窗台板的铺贴（图5-105）等。半湿式施工是将木方和半湿的砂子先铺底，然后将石材铺贴到上面的一种工法。石材半湿式施工适合重量大、尺寸宽的石材，可一次性安装铺贴到位。

图5-105　石材窗台板半湿式施工

石材半湿式施工流程如图5-106所示。

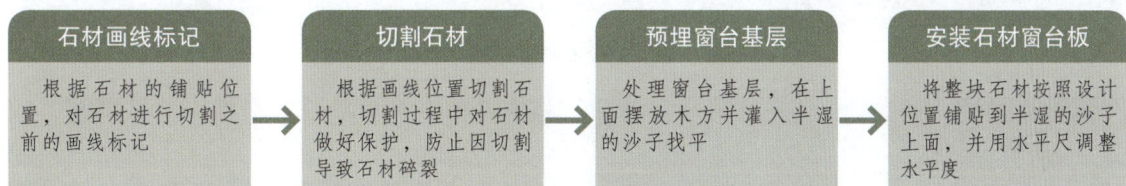

石材画线标记	切割石材	预埋窗台基层	安装石材窗台板
根据石材的铺贴位置，对石材进行切割之前的画线标记	根据画线位置切割石材，切割过程中对石材做好保护，防止因切割导致石材碎裂	处理窗台基层，在上面摆放木方并灌入半湿的沙子找平	将整块石材按照设计位置铺贴到半湿的沙子上面，并用水平尺调整水平度

图5-106　石材半湿式施工流程

石材半湿式施工步骤详解如下。

步骤一：石材画线标记

如图5-107所示，根据设计要求的窗下框标高、位置，画出石材的标高、位置线。

步骤二：切割石材

如图5-108所示，按照标记线的位置切割石材，先切割石材的长度，再切割石材的宽度，最后切割石材的侧边。切割时，应控制好速度，不可过快，防止石材出现裂痕。

步骤三：预埋窗台基层

如图5-109所示，基层预埋材料包括校准水平的木方和砂子。先在窗台上均匀摆放木方，间距保持在400mm以内；摆放好木方之后，再在表面填充砂子。砂子不可过干，否则会缺乏黏着力。

步骤四：安装石材窗台板

如图5-110所示，按设计要求找好位置，进行预装，标高、位置、出墙尺寸应符合要求，接缝应平顺严密，固定件无误后，按其构造的固定方式正式进行固定安装。

5.3.3.5 石材无缝工艺

石材无缝工艺是指在已铺设好的石材相邻间隙中，先用颜色与石材近似的特殊填缝剂予以填隙处理后，再利用专业机具与技术加以研磨、抛光处理，如图5-111所示。做石材无缝处理，既可以增强石材地面的整体感，又可以防止石材在打磨时及后期的使用和养护过程中发生渗脏、缝隙变黑、渗水等情况。

图5-107　石材测量画线

图5-108　切割石材

图5-109　摆放木方和填充砂子

图5-110　安装石材并调整平整度

图5-111　砂轮机研磨石材缝隙

石材无缝工艺施工流程如图5-112所示。

石材无缝工艺施工步骤详解如下。

步骤一：勾缝处理

（1）勾兑填缝剂颜色。先根据石材的颜色，勾兑填缝剂，调制出相近的颜色，再加入硬化剂，以便后续的施工。

（2）将填缝剂勾入缝隙。如图5-113所示，使用铲子等工具将填缝剂均匀地填入石材的缝隙中，溢出的部分及时用抹布擦拭干净，防止粘到石材的表面。

步骤二：研磨石材接缝处

（1）粗磨3遍。如图5-114所示，使用砂轮机对石材的缝隙处进行研磨，此步骤需重复3遍，将石材的亮面完全磨平。

（2）细磨一遍。使用钻石研磨机对石材的缝隙处进行细磨，直至石材表面的缝隙完全消失看不见。

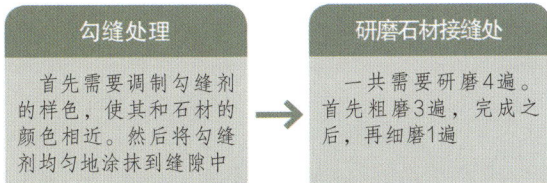

勾缝处理	研磨石材接缝处
首先需要调制勾缝剂的样色，使其和石材的颜色相近。然后将勾缝剂均匀地涂抹到缝隙中	一共需要研磨4遍。首先粗磨3遍，完成之后，再细磨1遍

图5-112　石材无缝工艺施工流程

图5-113　勾入填缝剂

图5-114　研磨石材接缝处

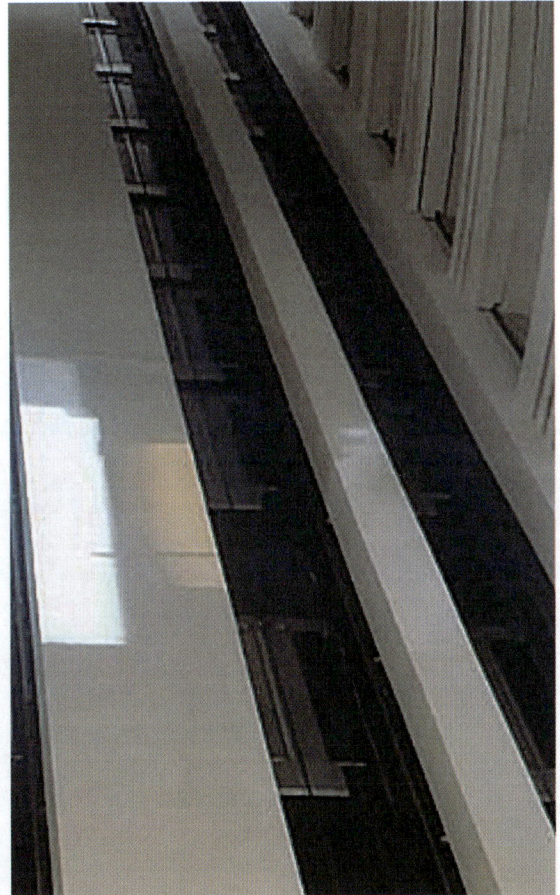

涂裱

工程材料与施工工艺

情景引入

回溯到遥远的7000年前，在长江流域的河姆渡文化、马家浜文化、良渚文化以及北方的山西襄汾陶寺文化遗址中，已经发现了漆器的存在。这些漆器的发掘表明，早在那个时期，中国的漆器工艺就已经遍及南北，技术相对成熟且应用广泛。从战国时期的"朱画其内，墨染其外"的漆器特色，到北魏时期的《孝子列传图》与《帝王嫔妃图》等漆艺佳作，无不展现出中国漆艺的精湛技艺与深厚底蕴。

随着时间的推移，唐代的镶嵌技术开始广泛应用于金属器物的辅助装饰，催生了金银平脱等漆艺技法。元代时，雕漆技艺在宋代的基础上更加发达，达到了前所未有的工艺水准。而到了明代，漆工艺中的雕、刻、敛、镶嵌等技法更是得到了突出发展，工艺水平达到了新的高度。

进入近现代，1915年，中国历史上第一家油漆厂——开林颜料油漆厂在上海创办，标志着中国涂料产业进入了一个新的发展阶段。随着时间的推移，中国涂料产业不断发展壮大。到了21世纪，中国涂料产业更是迎来了全面崛起的新时代。2009年，中国涂料年产量首次超过美国，成为全球涂料生产和消费的第一大国。如今，中国涂料产业已经取得了举世瞩目的成就。

而涂料与室内装修的关系更是密不可分。涂料作为室内装修的重要材料之一，不仅能够美化空间、提升家居品质，还能够起到保护墙面、防潮防霉等作用。在现代室内装修中，涂料的种类和风格更是丰富多样，能够满足不同人群的个性化需求。

学习目标

知识目标

1. 掌握装饰涂料的基本知识：了解各种装饰涂料的种类、性能、用途及优缺点，能够根据客户需求和实际情况选择合适的材料。
2. 熟悉涂裱工程的施工工艺流程：掌握涂裱工程的基本施工工艺流程，包括基层处理、材料准备、施工操作、质量检查等各个环节。

能力目标

1. 具备独立分析问题解决问题的能力：能够针对涂裱装饰中出现的各种问题，进行独立的分析并找出解决方案。
2. 具备合理设计应用实践的能力：能够根据客户需求和实际情况，设计出合理的涂裱装饰方案，并具备将其应用于实际施工中的能力。
3. 具备施工指导和验收能力：能够指导涂裱装饰工程的施工，确保施工质量和进度，同时具备对施工成果进行验收的能力。

思政目标

1. 培养爱岗敬业、诚信务实的职业道德：通过学习涂裱工程与施工工艺，培养学生具备爱岗敬业、诚信务实的职业道德，能够认真对待工作，尽职尽责地完成各项任务。
2. 强化法制观念和职业道德意识：在学习过程中，注重法制教育和职业道德教育，使学生具备较强的法治观念和职业道德意识，能够遵守相关法律法规和行业标准，做到合法合规经营。

任务6.1　装饰涂料的基本知识

6.1.1　装饰涂料的作用

6.1.1.1　保护作用

装饰涂料涂刷在材料表面形成一层连续、致密的保护薄膜，可以使材料表面与阳光中紫外线、大气、微生物和水等隔离，免受或者少受自然因素的侵蚀和破坏，具有耐磨、耐侵蚀、耐气候、抗污染等功能，起到保护材料、延长材料使用寿命的作用。

6.1.1.2　装饰作用

装饰涂料的化学成分包含各种有机物质、有色物质和添加剂，在施工中主要采用涂刷、喷涂、滚花等工艺，让涂料附着于物体表面，形成薄膜，并具有各种色彩、纹理、图案、光泽和质感，起到装饰的作用。一些不透明漆在材料表面着色的同时，能使薄膜表面形成各种纹理，或让表面呈现荧光、珠光和金属光泽。涂料丰富的色彩和多样性的装饰效果为设计表现提供了很大的帮助，如图6-1所示。

图6-1　涂刷涂料后顶棚装饰效果

6.1.1.3　其他作用

装饰涂料有吸声、隔热、防腐的作用，利于清洁，能改变材料的亮度和色彩。特殊的装饰涂料还具有防火、防水、防霉、绝缘的作用，如图6-2和图6-3所示。

图6-2　新中式茶室会客厅装饰涂料

图6-3　新中式别墅书房装饰涂料

6.1.2 装饰涂料的组成

6.1.2.1 主要成膜物质

装饰涂料的主要成膜物质包括基料、胶黏剂和固着剂，既可以单独成膜，也可以与涂料中其他组成成分黏结在一起，牢固附着于材料表面，形成连续、完整、均匀、坚韧的保护膜。主要成膜物质应具有坚韧性、耐磨性、耐候性和化学稳定性。目前我国涂料所用的成膜物质主要是合成树脂。粉末状涂料和油性涂料分别如图6-4和图6-5所示。

图6-4 粉末状涂料

图6-5 油性涂料

6.1.2.2 次要成膜物质

装饰涂料的次要成膜物质是指涂料所用的颜料和填料。这些物质以细微粉末状均匀分散于涂料介质中，赋予涂料色彩和质感，改善涂料性能，增加涂料的覆盖力，减少收缩，提高涂膜的强度、抗老化性和耐候性。次要成膜物质不能离开主要成膜物质而单独成膜。

6.1.2.3 辅助成膜物质

装饰涂料的辅助成膜物质是指各种溶剂和助剂，如松香水、乙醇、二甲苯、丙酮、催干剂、流平剂、固化剂、防霉剂、增塑剂等。辅助成膜物质对于提高涂料的附着力，调整涂料黏度、干燥时间、硬度，改善和增强涂料性能等有很大作用。

6.1.3 装饰涂料的分类

6.1.3.1 按照主要成膜物质的化学成分分类

装饰涂料按照主要成膜物质的化学成分不同分为有机涂料、无机涂料和复合涂料。

（1）有机涂料。有机涂料是指以高分子化合物为主要成膜物质所组成的涂料。有机涂料涂饰于物体表面，能形成一层附着坚固的涂膜。最常用的有机涂料有溶剂型涂料、水溶性涂料、合成树脂乳液型涂料。

①溶剂型涂料。溶剂型涂料是以有机高分子合成树脂为主要成膜物质，以有机溶剂为稀释剂，加入适量的填料、颜料和助剂，经研磨加工而成的装饰涂料。常见的油漆类涂料就是溶剂型涂料。装饰涂料涂饰后溶剂挥发而成膜，细腻坚硬，结构致密，有较高的光泽度，有一定的耐水性、耐候性和耐酸碱性。

溶剂型涂料多用于涂饰木制品（如木作墙面、木地板）、金属制品等。溶剂型涂料品种繁多，施工工艺简单，常见的溶剂型涂料大多含苯类等致癌物质，所以在室内装饰工程中应尽量减少现场油漆施工环节和油漆涂饰面积。进行装饰涂料施工时要有防护措施，如佩戴口罩和防毒面具等。施工后室内要保持通风，并经过一段时间的放置后再使用。溶剂型涂料具有易燃性，要注意防火。目前国家在大力推行环保型溶剂型涂料。溶剂型外墙涂料多采用合成树脂涂料作为建筑物外墙装饰。

②水溶性涂料。水溶性涂料是以水溶性合成树脂为主要成膜物质，以水为稀释剂，加入

适量的颜料、填料及辅助材料等，经研磨而成的一种装饰涂料。部分水溶性涂料因含有游离甲醛而被禁止使用。

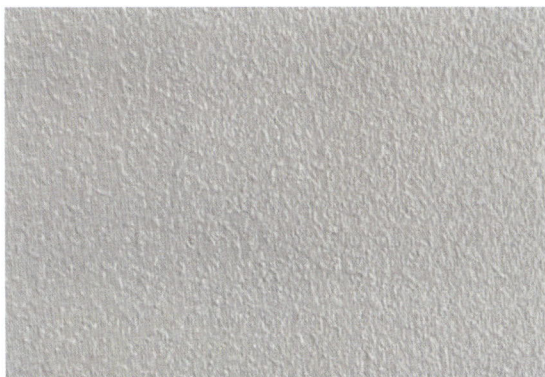

③合成树脂乳液型涂料。合成树脂乳液型涂料又称乳胶漆，是将合成树脂加入适量的乳化剂，以极细微粒分散于水中形成乳液，再以乳液为主要成膜物质并加入适量的颜料、填料和辅助材料经研磨而成的装饰涂料。乳胶漆有内外墙两种产品，从光泽度上又分为亚光、半亮光、中光、高光，如图6-6所示。

图6-6　乳胶漆

不同品牌的乳胶漆在价格和质量上存在较大差异。常见的乳胶漆包装为大口塑料桶或者内衬塑料袋的铁桶，常见规格为5L、15L、18L、20L、25L等，理论消耗量为10～13m²/L。乳胶漆色彩多样，每个品牌店都有色卡、色标、色表，有的品牌店可以进行现场计算机配色。品牌漆一般都有配套的面漆和底漆，底漆用量一般为面漆的1/2（一底两面）。内墙涂料用量面积计算公式为：涂刷面积=房屋使用面积×3，房屋使用面积与购买数量汇总如表6-1所示。

表6-1　房屋使用面积与购买数量汇总

使用面积/m²		40	50	60	70	80	90	100	110	120	130	140
底漆	用量/L	10	12	14	17	19	21	24	26	28	30	33
	购买量/桶	2	3	3	4	4	5	5	6	6	6	7
面漆	用量/L	18	22	26	30	35	39	43	48	52	56	60
	购买量/桶	4	5	6	7	7	8	9	10	11	12	12

注：桶的容积为5L。

常用合成树脂乳液内墙涂料的品种及适用建筑档次如下。

a.临时或普通建筑：乙烯-乙酸乙烯共聚乳胶漆。

b.中档建筑：乙酸乙烯-丙烯酸乳胶漆、苯乙烯-丙烯酸乳胶漆、叔碳酸乙烯酯共聚乳胶漆。

c.高档建筑：纯丙烯酸乳胶漆、硅丙乳胶漆、水性聚氨酯涂料、水性氟碳涂料。

常见乳胶漆种类如图6-7～图6-16所示。

图6-7　乳胶漆及涂饰效果

图6-8　亮光乳胶漆及涂饰效果

图6-9　半亮光乳胶漆及涂饰效果

图6-10　丝光漆及涂饰效果

图6-11　有光漆及涂饰效果

图6-12　高光漆及涂饰效果

图6-13　玉石漆

图6-14　乳胶漆——高弹漆

图6-15　乳胶漆——彩石漆

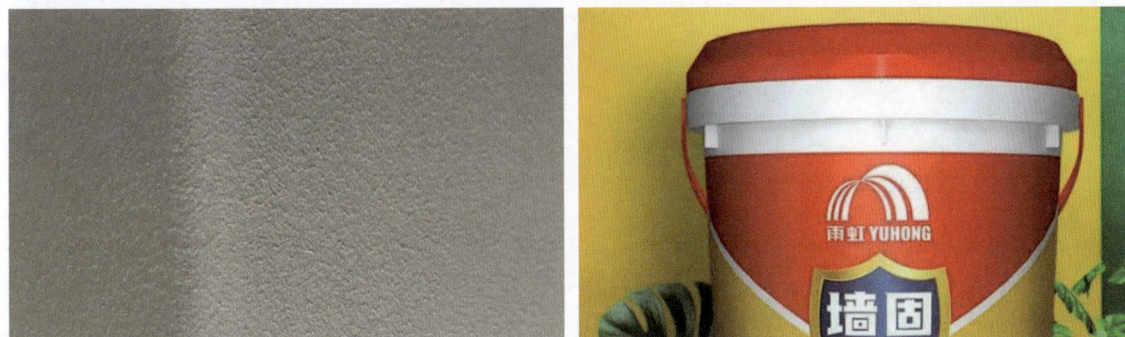

图6-16　乳胶漆——固底漆

（2）无机涂料。无机涂料是一种以无机材料为主要成膜物质的涂料，是全无机矿物涂料的简称，因性能优越，广泛用于建筑和室内装饰领域。无机涂料是由无机聚合物和经过分散活化的金属、金属氧化物纳米材料、稀土超微粉体组成的无机聚合物涂料，能与钢结构表面铁原子快速反应，生成物具有物理、化学双重保护作用。其对环境无污染，使用寿命长，防腐性能优越，是符合环保要求的高科技产品。

无机涂料的基料往往直接取材于自然界，来源十分丰富，但早期的无机涂料质地疏松、耐水性差、易起粉和剥落等，已很少使用。无机高分子涂料是近年来发展起来的一大类新型装饰涂料。目前所使用的内外墙无机分子涂料主要是以碱金属硅酸盐（水玻璃）和胶态二氧化硅（硅溶胶）为主要成膜材料，加入颜料、填料、助剂等经研磨而成的涂料。无机涂料具有资源丰富、价格便宜、耐老化、耐高温、耐腐蚀、耐磨等优点。家用清水混凝土漆在室内的应用如图6-17所示。

图6-17 家用清水混凝土漆在室内的应用（复古灰色做旧工业风）

（3）复合涂料。有机涂料或无机涂料都有各自的优缺点和使用局限，复合涂料可以将两类涂料的优点结合起来，克服两者的缺点。复合涂料主要有两种复合形式，一种是有机涂料和无机涂料在品种上的复合，另一种是有机涂料和无机涂料在涂层的复合装饰。

品种上的复合是指把水性有机树脂与水溶性硅酸盐等配制成混合液或分散液，例如水玻璃涂料和苯丙-硅溶胶涂料的混合，或者是在无机物的表面上使用有机聚合物制成悬浮液。有机涂料和无机涂料在涂层的复合装饰是指在墙面上先涂覆一层有机涂料的底层，然后涂覆一层无机涂料，利用两层涂膜的收缩程度不同，让表面一层无机涂料涂层形成随机分布的裂纹纹理，以达到装饰效果，如图6-18和图6-19所示。

图6-18 水溶性硅藻泥涂刷装饰效果

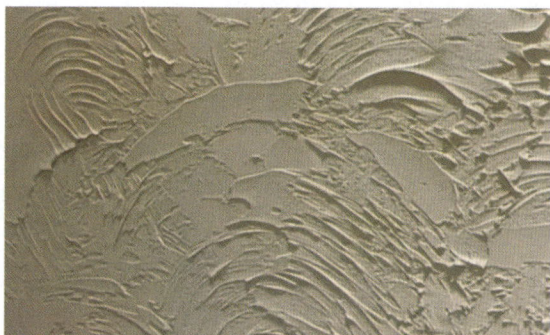

图6-19 硅藻泥涂刷艺术造型

6.1.3.2 按照使用功能分类

装饰涂料按照使用功能可分为保温涂料、防水涂料、防火涂料、防霉涂料、防结露涂料和闪光涂料等。

6.1.3.3　按照使用部位分类

装饰涂料按照使用部位可分为内墙涂料、外墙涂料、地面涂料、屋顶涂料等，如图6-20和图6-21所示。

图6-20　外墙仿大理石漆装饰效果

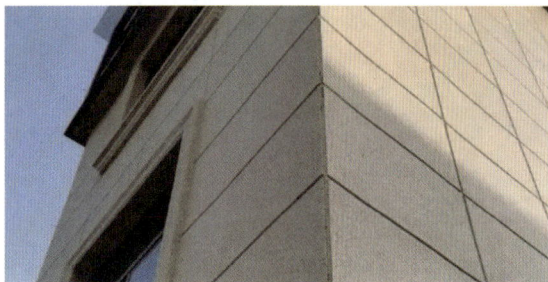

图6-21　外墙真石漆

6.1.3.4　按照涂层分类

装饰涂料按照涂层可分为薄涂层涂料、平涂层涂料、原质涂层涂料、沙状涂层涂料、仿石涂料等。

6.1.3.5　按照状态分类

装饰涂料按照状态可分为溶剂型涂料、水溶性涂料、乳液型涂料和粉末涂料等。

任务6.2　墙纸、墙布和壁纸

6.2.1　墙纸

6.2.1.1　墙纸的定义与分类

墙纸，又称壁纸，是一种用于装饰墙壁的纸质或非纸质材料，通常用于室内墙面装饰，可以提供美观的视觉效果，同时也起到保护墙面的作用。墙纸种类繁多，按材质可分为纯纸基墙纸、无纺布墙纸、PVC墙纸、金属墙纸、织物墙纸等。根据设计风格，墙纸还可以分为现代简约、乡村田园、古典优雅、奢华艺术等多种风格，以满足不同装饰需求。

6.2.1.2　墙纸的材质与特点

墙纸的材质是决定其特性和用途的关键。纯纸基墙纸以纸张为基材，色彩鲜艳，环保，但耐用性稍逊；无纺布墙纸结合了纸基与无纺布，具备良好的透气性、防潮性和耐久性；PVC墙纸因其表面覆有塑料膜，易于清洁，防水性能好，但环保性能相对较低；金属墙纸以金属箔或金属丝与纸张复合，光泽感强，富有现代感；织物墙纸，如丝绸、草编或麻布墙纸等，提供独特的触感和纹理，但需要更精细的保养。

6.2.1.3　墙纸的环保性能分析

墙纸的环保性主要体现在其原材料的环保性、可再生利用率和VOC（挥发性有机化合物）排放量。许多墙纸产品采用可再生或可降解材料制成，如无纺布，它们在生产过程中产生的环境污染较小。低VOC排放的墙纸对室内空气质量有益，不会产生有害化学物质，对人体健康和环境更友好。许多制造商已开始提供环保认证的墙纸产品，确保了较低的化学物质排放和对环境的低影响。然而，消费者在选择墙纸时仍需查看产品标签，了解其环保性能，以确保选择符合环保标准的墙纸。

6.2.1.4　墙纸的用途

（1）家居装饰中的墙纸应用。在家居装饰中，墙纸以其丰富的图案、色彩和纹理，为室内设计增添了无限可能。设计师和业主们经常利用墙纸来强调空间的个性和风格。墙纸可用于创建不同的氛围，如温馨的田园风格、现代简约风格或奢华的古典风格。在卧室，柔和的色调和细腻的纹理可营造出宁静舒适的睡眠环境；在客厅，鲜明的图案和亮丽的色彩可以为生活空间注入活力，反映出主人的个性与品位；而在儿童房，墙纸上的卡通或趣味图案能激发孩子们的想象力，为他们的成长空间增添乐趣。

（2）商业空间中的墙纸选择。商业空间如餐厅、咖啡馆、酒店大堂、办公室或展览厅，墙纸的选择需兼顾品牌形象、客户体验和空间氛围。简洁大方的几何图案墙纸能体现现代感和专业性，适合于办公环境；而在餐饮场所，可以选择具有温馨感或主题性的墙纸，以增强顾客的用餐体验。墙纸的耐久性和易清洁性在商业空间中尤为重要，因为需要能够经受高人流量使用造成的日常磨损。

（3）特殊场合下的墙纸使用。在特殊场合如婚礼、庆典或艺术展览中，墙纸可以作为背景墙，用以烘托主题，提升活动的氛围。例如，金色或银色的金属光泽墙纸在晚宴或庆典中能带来奢华感；而在艺术展览中，抽象或具象的艺术家作品墙纸可以与展出的艺术品相互呼应，增强观展体验。在临时的展览或活动空间，墙纸的可移除性和便捷的安装方式使得其成为布置及清理的理想选择。

6.2.1.5　墙纸应用技巧

（1）墙纸搭配原则与技巧。选择墙纸时，色彩、纹理和图案的搭配是提升空间视觉效果的关键。考虑房间的整体风格和色彩搭配，选择与家具和装饰风格相协调的墙纸。如果房间色调以中性色为主，可以选择带有图案或色彩鲜艳的墙纸作为视觉焦点。纹理丰富的墙纸可以为简洁的现代空间增添层次感，纯色墙纸则适合用于传统或古典风格空间的装饰。考虑墙纸的重复图案和房间的尺寸，应确保纸张的图案在空间中不显得突兀。考虑使用墙纸的区域，如卧室可以适合选择温馨、柔和的图案和色彩，而儿童房则可以选用生动、有趣的图案和色彩。

（2）墙纸施工步骤与注意事项。施工前，确保墙面清洁、平整，处理好裂缝和不平整处。涂刷基膜，以增加墙纸的粘贴持久性。选择适当的墙纸胶水，确保与墙纸材质匹配。施工时，从一个角落开始，确保纸张的接缝对齐，使用专业工具如刮刀和滚筒均匀涂抹胶水。在潮湿的环境下，等待足够时间让胶水干燥，避免墙纸起泡或脱落。施工后，清理多余的胶水，避免墙纸边缘积聚污渍。

（3）墙纸保养与维护方法。墙纸的保养和维护是保持其持久美观的关键。避免使用湿布或化学清洁剂直接擦拭墙纸，这可能导致褪色或损坏。对于可洗墙纸，可以使用吸尘器定期清理表面尘埃。对于顽固污渍，可以使用墙纸清洁剂，但务必遵循制造商的清洁建议。在高湿度环境下，使用除湿机或空调控制湿度，防止霉菌生长。如果墙纸出现起翘，应及时修补，以防进一步损坏。定期检查墙纸的接缝和边缘，一旦发现起翘或破损，应立即采取措施修复，以保持墙面的整体美观。

6.2.1.6　墙纸规格详解

（1）常见墙纸尺寸与规格。墙纸的规格通常根据不同的制造商和市场需求而有所变化，但有一些常见的标准尺寸。在家庭装修领域，墙纸的常见宽度通常是52cm或106cm，长度则可以有5m、10m或15m的卷装。还有24in（61cm）宽的墙纸，这种宽度在北美地区特别常见。值得注意的是，墙纸的长度可以根据需要剪裁，但宽度和卷装长度一般是固定不变的。选择适合的尺寸和规格，能够确保墙纸贴合美观，避免浪费。

（2）特殊定制墙纸规格说明。特殊场合或特殊设计需求往往需要非标准尺寸或特殊材料的墙纸，这就需要定制服务。定制墙纸允许消费者选择自己偏好的色彩、纹理和设计，同时可以按需调整尺寸，如宽度和长度。在商业空间或高端室内设计项目中，这种定制服务尤为常见。例如，为了适应不规则墙面或特定装饰风格，可能需要不同宽度或长度的墙纸，这就需要提前与供应商沟通，确保墙纸完全符合设计要求。

（3）墙纸规格选择建议。选择墙纸规格时，首先要考虑墙面的实际尺寸和房间的整体风格。量好墙面的周长，确保购买的墙纸长度足够覆盖所需装饰的墙面，同时预留一些额外的长度用于修边和拼接。考虑设计和颜色应与房间的家具及装饰风格相协调。对于高湿度的环境，如浴室或厨房，应选择防潮材质的墙纸。对于有小孩或宠物的家庭，选择耐用且易于清洁的材料是明智的选择。如果墙面有不规则形状或有凸出物，如插座或开关，需要定制墙纸以适应这些特征。在购买前做好规划，确保墙纸规格与墙面需求相匹配，将有助于提高装饰效率并减少浪费。

6.2.2 墙布

6.2.2.1 墙布的定义与起源

墙布，作为室内装饰中的一种重要材料，是指用于覆盖墙面的布艺制品，通常由棉、麻、丝、化纤、丝绸或混纺等天然或合成纤维制成。这种传统的装饰材料源自19世纪的欧洲，当时的墙布多以棉、麻等天然纤维手工编织而成，主要用于提升室内环境的舒适度和美学效果。随着时间的推移，墙布制作工艺不断进化，如今的墙布不仅限于织物，还融入了各种现代科技元素，如防潮、防霉、阻燃等特性，使其在现代家居和商业空间中都得到了广泛应用。

6.2.2.2 墙布的材质与工艺解析

墙布的材质多种多样，包括棉布、麻布、丝绸、羊毛、尼龙、涤纶等，每种材质都有其独特的视觉和触感。棉布墙布以其自然纹理和良好的透气性受到青睐，而丝绸墙布则以其光泽和优雅质感为室内增添高雅气息。现代墙布还引入了新技术，如纳米技术和3D打印，使得墙布在保持其传统美观的同时拥有了防水、防污、阻燃等实用功能。墙布的编织工艺也日益精进，如提花、印花、绣花等，为消费者提供了丰富的选择，以满足不同的装饰风格和空间需求。

6.2.2.3 墙布与墙纸的区别

与墙纸相比，墙布在质感和触感上更胜一筹，它能够提供更丰富的立体效果和细腻的触感。墙纸虽然在色彩和图案选择方面也多样化，但其材质单一，而墙布的材质选择更为丰富。在耐用性方面，墙布由于其材料特性，通常比墙纸更耐磨损和耐擦洗。在安装方面，墙纸通常需要专业的粘贴技术，而墙布一般采用的是粘贴或挂装方式，使得安装更为简便。维护上，墙纸可能因环境湿度、温度变化而起翘或发霉，而墙布的防潮性能使其在潮湿环境中更稳定。在环保性方面，两者都可以选择环保材料，但墙布的可降解性和可循环利用性通常优于墙纸。墙布和墙纸各有优势，墙布在质感和耐用性上更受青睐，而墙纸则因其价格适中和安装简便等特点，仍然在市场中占有一席之地。

6.2.2.4 墙布的用途

（1）墙布在家居装修中的作用。墙布在家居装修中扮演着至关重要的角色，它不仅为房间增添视觉吸引力，还能够提升室内空间的舒适性和温馨感。墙布丰富的纹理和图案选择能够适应各种家居风格，从现代简约到复古风情，再到乡村田园，总有一款墙布能完美地融入设计主题。墙布的质感和色彩能够软化硬质墙面，同时其耐用性和可清洁性使得墙布成为有小孩或宠物的家庭的理想选择，因为它可以遮盖墙面瑕疵，同时耐磨损，易于清洁，从而保持家居环境的整洁与美观。

（2）墙布在公共场所的应用案例。在公共场所，墙布的运用更是彰显其独特优势。在酒店大堂、高档餐厅或是艺术画廊中，墙布能够创造出优雅而温馨的氛围，提升空间的品质感。例如，一些墙布设计中融入了艺术元素，与画廊展览主题相得益彰。在图书馆或阅读室，墙布的吸声特性有助于降低回声，为读者提供一个宁静的阅读环境。在幼儿园和学校的教室中，墙布可使用环保、无毒的材料，确保安全无害，同时丰富的图案设计还能够激发孩子们的想象力。

（3）墙布的特殊用途与功能。墙布的特殊用途并不仅限于装饰，它还可以作为吸声、隔声和保温的材料。在声学要求高的空间，如音乐厅或录音室，吸音墙布能够有效吸收多余的声波，提高音质。在需要保温的温室或温室式餐厅，特殊处理的墙布能有效保持室内温度。防火墙布在易燃物质集中的地方，如剧院后台或化工厂，提供了额外的安全保障。在湿度较大的浴室或游泳池更衣室，防潮墙布能防止水分渗透，延长墙面使用寿命。墙布的多功能性使其在多种特殊场景下都展现出无可比拟的优势。

6.2.2.5 墙布规格与选购指南

（1）墙布规格与尺寸介绍。墙布的规格通常因制造商和款式而异，但是一般来说，墙布的标准宽度多为2.52m，长度则可以根据需要剪裁，一般以10m、15m或20m为一卷出售。这些标准尺寸旨在方便安装，避免浪费，并确保房间墙面可以被完整覆盖。某些墙布可能有定制选项，允许消费者根据实际需要选择特定长度，但非标准尺寸的墙布可能需要更长的提前订购时间。在购买墙布时，要了解墙布的单位是平方米，因为这将影响计算所需的卷数。

（2）墙布选购要点与技巧。选购墙布时，首先要考虑装修风格和房间的整体设计。确定色彩、图案和纹理是否符合自己的装饰主题。考虑墙布的耐用性和清洁性，尤其是对于有小孩或宠物的家庭，易清洁的表面处理可以增加墙布的使用寿命。另外，检查墙布的质地和纹理，确保其对墙面有良好的附着力，同时考虑墙布的阻燃性能，特别是用于公共场所。务必了解墙布的保养需求，一些墙布可能需要专业清洁，而其他一些则可用湿布擦拭。

6.2.3 壁纸

6.2.3.1 纸基壁纸

（1）定义与特性。纸基壁纸（图6-22），作为一种传统的墙面装饰材料，源自19世纪，是壁纸家族中的经典成员。它的主要成分是纸浆，通过精细的印刷技

壁纸的施工过程　壁纸的选择技巧　裁剪壁纸和贴壁纸

图6-22　纸基壁纸

术，可以展现出丰富的图案和设计，以适应各种装饰风格。纸基壁纸以其轻质、环保和可回收性赢得了众多消费者的青睐。由于纸基壁纸的材质特性，它能更好地吸收和反射光线，赋予房间柔和的视觉效果，营造出温馨舒适的室内氛围。纸基壁纸在安装时更加服帖，贴合墙面，不易起皱，易于上色，适合各种手绘或定制设计，满足个性化装饰需求。

（2）用途与场合。纸基壁纸广泛应用于住宅、办公室、餐厅、酒店大堂、咖啡厅和零售空间等多种环境。由于其轻薄透气的特性，它在卧室和书房中尤为受欢迎，能够提供温馨的阅读和休息空间。目前纸基壁纸在商业空间中的应用也日益增多，如酒店的客房和公共休息区，因其低调而优雅的特性，能够提升空间的整体风格，为客人营造出宾至如归的感觉。

（3）规格与选购指南。选购纸基壁纸时，首先要考虑空间的尺寸和壁纸的覆盖面积。通常，纸基壁纸的宽度为52~53cm，长度以10m为一卷。要确保选择信誉良好、品质可靠的壁纸品牌，关注其环保认证，比如OEKO-TEX或ISO 14001等标准。在色彩和图案选择上，要考虑与室内装饰的协调性，如家具、地板和窗帘等。注意检查壁纸的色牢度和耐磨性，确保选择的壁纸在家庭中有较长的使用寿命。了解商家的售后服务，如是否提供免费裁剪、贴纸服务等，以便在安装过程中遇到问题时能得到及时的帮助。

6.2.3.2 纺织物壁纸

（1）定义与特性。纺织物壁纸（图6-23），以其独特的质感和触感，为室内装饰带来无与伦比的温馨和奢华。这种壁纸由天然或合成纤维编织而成，赋予墙面丰富的纹理和深度。其表面通常富有细腻的纹理，可以是棉、丝、麻、羊毛或混纺材料，提供了一种温馨而亲切的氛围。纺织物壁纸的色彩层次丰富，可以是素色、提花或是印花设计，为居住空间平添了几分艺术感。由于其天然的材质，纺织物壁纸的声学性能也往往优于传统壁纸，可以有效吸收室内回声，营造更为舒适的居住环境。

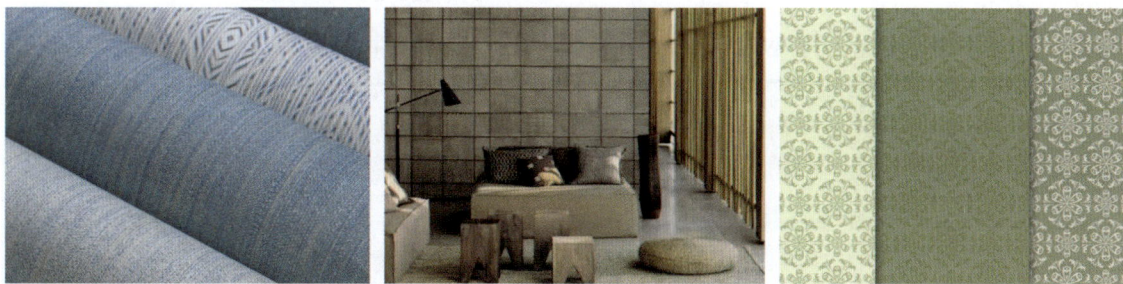

图6-23 纺织物壁纸

（2）用途。纺织物壁纸特别适合于高端室内装饰，常用于豪华住宅、五星级酒店、高档餐厅、私人会所和设计师住宅等空间。其奢华感和温馨特质使其成为墙面装饰的不二之选，尤其在卧室、客厅和私人书房中，可以提升空间的品质感。纺织物壁纸的耐用性和维护性经过改良，使其在一些特殊商业空间中也得到了广泛应用，如豪华游艇、私人飞机和高级轿车内部的装饰。

6.2.3.3 天然材料壁纸

（1）定义。天然材料壁纸（图6-24），如草编、木皮、竹纤维和麻绳等，以其独特的质感和自然之美，为室内空间带来一种温馨、独特的视觉和触感体验。这些壁纸源于自然，保留了材料原本的纹理和色彩，赋予墙面生动而独特的风格。它们不仅提供了一种与化学合成材料截然不同的装饰效果，更代表了一种回归自然、追求可持续生活方式的趋势，因此在现代室内设计中越来越受到青睐。

图6-24　天然材料壁纸

（2）环保属性。天然材料壁纸的最大亮点在于其环保属性。由于主要由可再生资源制成，这些壁纸在生产过程中产生的碳足迹远低于传统纸质或塑料壁纸。它们可生物降解，减少对环境的污染，天然材料的使用在一定程度上可以改善室内空气质量，因为它们不含有害的化学添加剂，有助于创造一个更健康的生活环境。对于过敏体质或有小孩和宠物的家庭，天然壁纸是理想的选择，因为它们不会释放有害VOC，有助于维护室内空气质量。

6.2.3.4　塑料壁纸

塑料壁纸（图6-25）是一种常见的墙面装饰材料，因其耐用性、防水性和易于清洁的特性而广受欢迎。塑料壁纸主要可以分为两大类：PVC壁纸和非PVC壁纸。

PVC壁纸全称为聚氯乙烯壁纸，通常是在纸或纺织物基材上压上一层薄薄的PVC材料，以增强其耐久性和

图6-25　塑料壁纸

易清洁性。PVC壁纸的表面处理技术多样，可以制作出平滑、纹理或仿皮革等多种效果，能模仿木纹、石材、金属等多种材质，这为设计师和DIY（自己动手制作）爱好者提供了丰富的创意空间。

非PVC壁纸采用其他材料如TPU等制作，这些材料同样具有优良的环保性能和耐用性。例如，TPU材料具有抗紫外线强、环保性能佳、户外耐候性强等特点，且更加柔韧耐磨。

总体来说，塑料壁纸以其多样的分类和丰富的特点，成为室内装修中不可或缺的一部分。在选择塑料壁纸时，建议根据自己的需求和喜好，结合壁纸的材质、设计、耐久性和易清洁性等因素进行综合考虑。

6.2.3.5　仿真塑料壁纸

随着科技的快速发展，仿真塑料壁纸的技术革新日新月异（图6-26）。这种壁纸采用先

图6-26　仿真塑料壁纸

进的印刷和模塑技术，可以模仿各种材质的纹理和颜色，从木纹、石纹到金属质感，几乎无所不能仿制。3D打印技术的应用，使得图案的立体感和真实感更上一层楼。新型环保塑料的使用，不仅增强了壁纸的耐用性，还降低了其对环境的影响，使其在满足审美需求的同时兼顾了环保与可持续发展的理念。

（1）高仿真度与视觉效果。仿真塑料壁纸的高仿真度是其最大亮点。无论是天然石材的纹理，还是金属、木材甚至织物的外观，都能被模仿得栩栩如生，给人以假乱真的视觉体验。色彩的精准匹配，纹理的细腻处理，都使得这种壁纸在各种室内设计中大放异彩。光线的变化能够带出壁纸表面的深度和层次感，仿佛置身于真实的材料环境中。

（2）应用领域与设计建议。仿真塑料壁纸应用广泛，无论在住宅、办公室、酒店、商场，甚至是公共空间，都展现了其广泛的适应性。在住宅装饰中，它可以用于创造各种风格，从现代简约到复古奢华，都能找到合适的款式。而在商业空间，如酒店大堂、餐厅和办公室，它能提供高端定制的视觉体验，营造出与空间主题相符的环境氛围。建议在选择仿真塑料壁纸时，应充分考虑空间的光线、家具风格和目标受众，以达到最佳的视觉效果和空间协调性。

任务6.3　涂料施工工艺

6.3.1　涂料工法

涂料工法是指以乳胶漆、木器漆为饰面材料的一种施工工法。其中，乳胶漆工法包括腻子层找平法、排刷漆法、滚涂刷漆法和喷漆法四种细分工法。腻子层找平法是处理墙面基底的工法，排刷漆法、滚涂刷漆法和喷漆法是三种不同乳胶漆喷涂工法，工法不同，表面的颗粒质感有较大区别。木器漆主要采用涂刷法。涂料工法如图6-27所示。

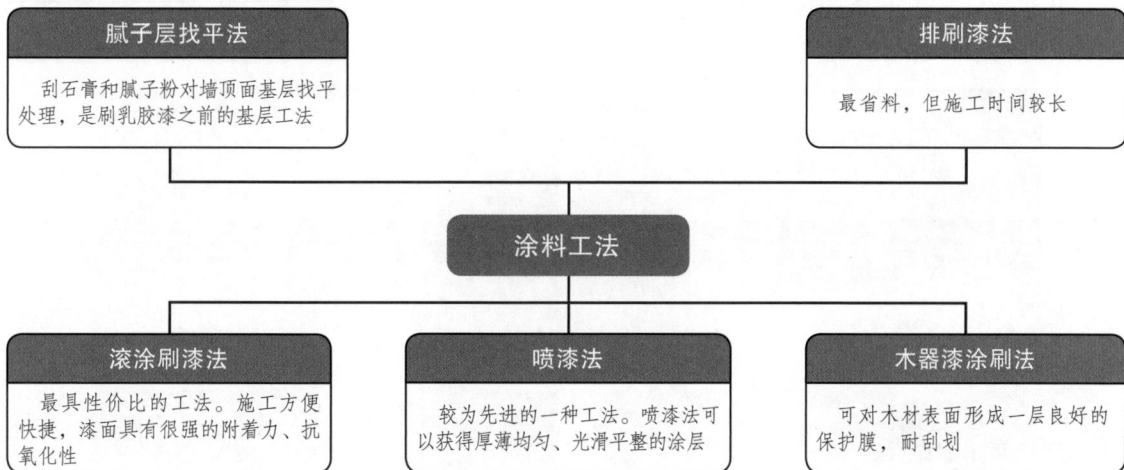

腻子层找平法

刮石膏和腻子粉对墙顶面基层找平处理，是刷乳胶漆之前的基层工法

排刷漆法

最省料，但施工时间较长

涂料工法

滚涂刷漆法

最具性价比的工法。施工方便快捷，漆面具有很强的附着力、抗氧化性

喷漆法

较为先进的一种工法。喷漆法可以获得厚薄均匀、光滑平整的涂层

木器漆涂刷法

可对木材表面形成一层良好的保护膜，耐刮划

图6-27　涂料工法的内容

6.3.1.1　腻子层找平法

腻子层找平法是指石膏、腻子基层的施工，包括1层石膏和2层腻子。腻子层找平法是涂刷乳胶漆之前的基层工法，只有腻子层处理好了，才能开始涂刷乳胶漆。如图6-28所示，在腻子层找平施工的过程中，要求满刮腻子粉，并对阴阳角进行修理，保证边角的平直。

图6-28　腻子层找平法施工

腻子层找平法施工流程概要如图6-29所示。

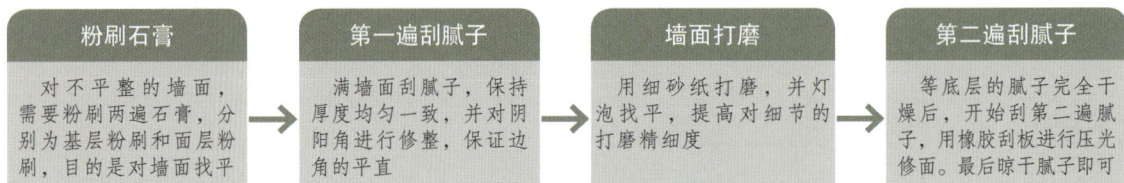

粉刷石膏	第一遍刮腻子	墙面打磨	第二遍刮腻子
对不平整的墙面，需要粉刷两遍石膏，分别为基层粉刷和面层粉刷，目的是对墙面找平	满墙面刮腻子，保持厚度均匀一致，并对阴阳角进行修整，保证边角的平直	用细砂纸打磨，并灯泡找平，提高对细节的打磨精细度	等底层的腻子完全干燥后，开始刮第二遍腻子，用橡胶刮板进行压光修面。最后晾干腻子即可

图6-29　腻子层找平法施工流程概要

腻子层找平法施工步骤详解如下。

步骤一：粉刷石膏

（1）基层粉刷石膏。如图6-30所示，根据平整度控制线，满刮基层粉刷石膏。将墙固、水、粉刷石膏按照一定的比例搅拌均匀，并在规定的时间范围内使用完毕。如果满刮厚度超过10mm，将需要再满贴一遍玻纤网格布，然后继续满刮基层粉刷石膏。

批腻子注意事项　砂纸打磨

图6-30　粉刷石膏找平

（2）面层粉刷石膏。基层粉刷石膏干燥后，将面层粉刷石膏先按照产品说明要求搅拌均匀，然后满刮在墙面上，将粗糙的表面填满补平。

步骤二：第一遍刮腻子

（1）刮腻子找平。第一遍腻子厚度控制在4~5mm，主要用于找平，平行于墙边方向依次进行施工。要求不能留槎，收头必须收得干净利落。

（2）阴阳角修整。如图6-31所示，刮腻子时，要求阴阳角清晰顺直。阳角用铝合金杆反复靠杆挤压成形；阴角采用专用工具操作，使其清晰顺直。

步骤三：墙面打磨

如图6-32所示，尽量用较细的砂纸，一般质地较松软的腻子（如821腻子）用400～500号的砂纸，质地较硬的腻子（如墙衬、易呱平）用360～400号的砂纸为佳。如果砂纸太粗，会留下很深的砂痕，刷漆是覆盖不掉的。打磨完毕后一定要彻底清扫1遍墙面，以免粉尘太多，影响漆的附着力，凹凸差不超过3mm。

图6-31　阴阳角修整

图6-32　墙面打磨施工

步骤四：第二遍刮腻子

（1）底层干燥后刮腻子。如图6-33所示，第二遍腻子厚度控制在3～4mm，第二遍腻子必须等底层腻子完全干燥并打磨平整后进行施工，平行于房间短边方向用大板进行满批，待腻子六七成干时，必须用橡胶刮板进行压光修面，来保证面层平整光洁，纹路顺直、颜色均匀一致。

（2）晾干腻子。晾干腻子一般需要3～5天，在此期间，室内最好不要进行其他方面的施工，以防对墙面造成磕碰。在晾干的过程中，禁止开窗。

图6-33　第二遍刮腻子

6.3.1.2　排刷漆法

排刷漆法是指使用排刷的工具板进行排刷施工。排刷最省料，但比较费时间，墙面效果最后是平的。如图6-34所示，由于乳胶漆干燥较快，每个刷涂面都应尽量一次完成，否则易产生接痕。此种施工方法对工人的要求较高，稍有不慎，墙面就会产生不平整的现象。

排刷漆法施工流程概要如图6-35所示。

图6-34　排刷漆法施工

第一遍排刷施工	第二遍排刷施工	第三遍排刷施工
先调试乳胶漆的稠度，保证每次调试稠度均一致。然后开始第一遍排刷施工	按从上到下、从边角到中间的顺序排刷，保持表面的平整度	第三遍排刷施工的重点是对细节的找补。第三遍排刷施工应等待前两遍彻底干燥后再开始

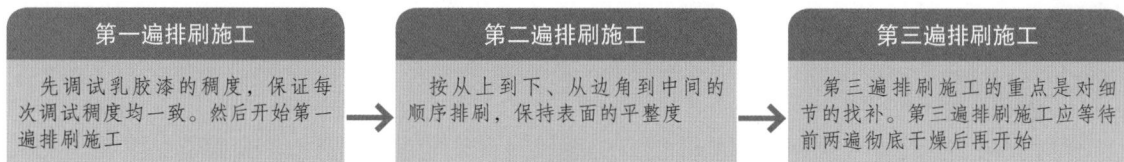

图6-35　排刷漆法施工流程概要

排刷漆法施工步骤详解如下。

步骤一：第一遍排刷施工

（1）调试乳胶漆稠度。在使用乳胶漆前应用手提电动搅拌枪充分搅拌均匀。如稠度较大，可适当加清水稀释，但每次加水量应一致，不能稀稠不一。

（2）排刷施工。将涂料倒入面积较大的容器内，用排刷均匀地蘸满涂料开始涂刷。

步骤二：第二遍排刷施工

（1）排刷顺序。如图6-36所示，从阴角处开始排刷，然后向外逐渐延伸，同时遵循从上到下的顺序排刷。排刷的过程中，双手运力需要均匀，不可偏重一侧，否则会导致表面的不平整。

图6-36　墙、顶面排刷漆法施工

（2）控制施工速度。由于乳胶漆干燥较快，每个刷涂面应尽量一次完成，否则易产生接痕。

步骤三：第三遍排刷施工

等第二遍排刷乳胶漆干燥后，开始最后一遍排刷，并对之前处理不到位的地方进行重点排刷。一些细小、不宜接触到的地方，可采用毛刷找补。

6.3.1.3　滚涂刷漆法

滚涂刷漆法是一种使用长绒滚筒蘸取涂料，然后将其均匀地滚涂在墙顶面上的涂装方法。待涂料干燥后，会形成一层保护膜。这种方法具有污染小、涂装效率高的优点，通常一次滚涂即可达到所需的厚度要求。

然而，滚涂刷漆法也受到滚筒外形的限制，主要适用于平板件和带状工件，如墙面和天花板等较为平整的表面。对于复杂或不规则的形状，该法可能无法达到理想的涂装效果。

此外，滚涂刷漆法所形成的涂层具有很强的附着力、抗氧化性和耐腐蚀性。这得益于其表面形成的一层严密的氧化膜，该膜层不仅增强了涂层的附着力，还使其具备了出色的抗氧化性、耐酸碱性和耐衰变性。同时，该涂层也能有效抵抗紫外线的照射，从而延长其使用寿命。

总体来说，滚涂刷漆法是一种高效、环保且适用于平板和带状工件的涂装方法。在选择使用该方法时，应根据具体的涂装需求和工件形状进行考虑。同时，也需要注意涂料的选择和配比，以确保达到最佳的涂装效果，如图6-37所示。

图6-37　滚涂刷漆法施工

滚涂刷漆法施工流程概要如图6-38所示。

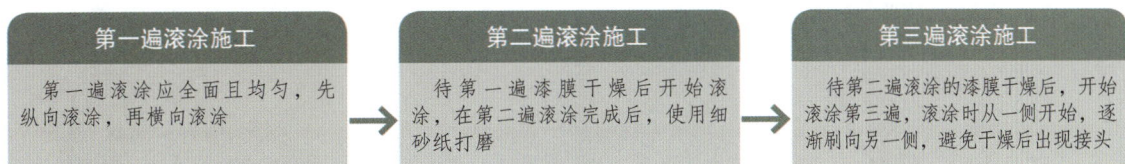

第一遍滚涂施工	第二遍滚涂施工	第三遍滚涂施工
第一遍滚涂应全面且均匀，先纵向滚涂，再横向滚涂	待第一遍漆膜干燥后开始滚涂，在第二遍滚涂完成后，使用细砂纸打磨	待第二遍滚涂的漆膜干燥后，开始滚涂第三遍，滚涂时从一侧开始，逐渐刷向另一侧，避免干燥后出现接头

图6-38　滚涂刷漆法施工流程概要

滚涂刷漆法施工步骤详解如下。

步骤一：第一遍滚涂施工

（1）横向涂刷，再纵向涂刷。将涂料倒入托盘，用涂料滚子蘸料涂刷第一遍。滚子应横向涂刷，再纵向滚压，将涂料赶开，涂平。

（2）滚涂顺序从上到下。如图6-39所示，滚涂顺序一般是从上到下，从左到右，先远后近，先边角后棱角，先小面后大面。要求厚薄均匀，防止涂料过多流坠。

步骤二：第二遍滚涂施工

滚涂施工之前，再次充分搅拌，如不很稠，不宜再加水，以防透底。漆膜干燥后用细砂纸将墙面小疙瘩和排笔毛打磨掉，磨光滑后清扫干净。

步骤三：第三遍滚涂施工

如图6-40所示，由于乳胶漆膜干燥较快，应连续

图6-39　从上到下滚涂

图6-40　墙、顶面滚涂施工

迅速操作，滚涂时从一侧开始，逐渐刷向另一侧，要上下顺刷，互相衔接，后一排紧接前一排，避免出现干燥后接头。

6.3.1.4 喷漆法

喷漆法是通过喷枪或者蝶式雾化器，借助于压力或者离心力，使漆液分散成均匀而细微的雾滴，施涂于墙顶面的喷涂工法，如图6-41所示。喷漆法可以获得厚薄均匀、光滑平整的涂层，对缝隙、小孔以及倾斜、弯曲平面均能喷到，工效高，适应性强。

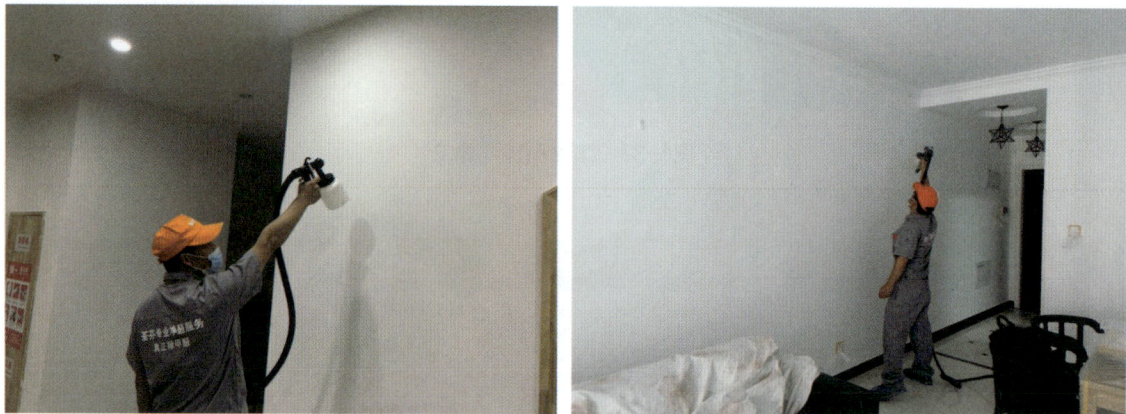

图6-41　墙面喷漆法施工

喷漆法施工流程概要如图6-42所示。

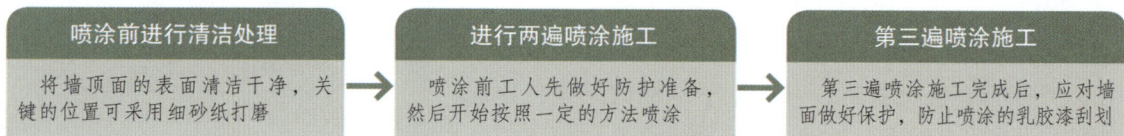

喷涂前进行清洁处理	进行两遍喷涂施工	第三遍喷涂施工
将墙顶面的表面清洁干净，关键的位置可采用细砂纸打磨	喷涂前工人先做好防护准备，然后开始按照一定的方法喷涂	第三遍喷涂施工完成后，应对墙面做好保护，防止喷涂的乳胶漆刮划

图6-42　喷漆法施工流程概要

喷漆法施工步骤详解如下。

步骤一：喷涂前进行清洁处理

（1）墙体清洁处理。喷涂之前进行彻底的卫生清洁。保障墙体接缝处干净，没有杂物，选择用刀具或细砂纸打磨。

（2）清理死角。砂粒、木屑和包装用的泡沫塑料颗粒等一定要清理干净，天棚角和开关暗盒等死角均不可忽视。

步骤二：进行两遍喷涂施工

（1）做好防护准备。如图6-43所示，喷涂乳胶漆时，施工人员应该做好防护准备，严

图6-43　墙面喷漆施工细节

格按照施工标准和施工流程进行喷涂，确保喷涂过程无中断。

（2）遵循从里到外，从高到低的方法。喷涂施工遵循先难后易，先里后外，先高后低，先小面积后大面积，这样的喷涂方法更容易让墙面形成较好的涂膜。

步骤三：第三遍喷涂施工

第三遍喷涂施工结束之后应当注意保护墙顶面，防止新涂刷的乳胶漆刮花。因为喷涂乳胶漆在后期的找补施工中，比前两种更困难一些。

6.3.1.5　木器漆涂刷法

木器漆涂刷法是指在木材的表面涂刷油漆的工法，如图6-44所示。在刷漆施工前，首先上着色油或调色油，接下来刷清漆，保护饰面板、木线。如果是为保持原色进行刷清漆的话，那么在材料购进工地后就必须清洁表面并立即进行第一遍的"封漆保护"。木器漆涂刷法能够在改变木材颜色的基础上，保持木材原有的花纹，装饰风格自然、纯朴、典雅，且对木材的表面形成一层耐剐蹭的保护膜。

需要注意的是，在木器漆施工前应对现场环境进行检测。木器漆施工对现场施工环境的温度、湿度以及通风条件均有一定的要求。一般情况下，现场施工温度不得低于8℃且不能高于35℃（最佳温度为25℃）；相对湿度最高不能超过85%，最好能够低于70%。如果施工现场的环境达不到应有标准，则应停止施工。

图6-44　木材表面刷油漆

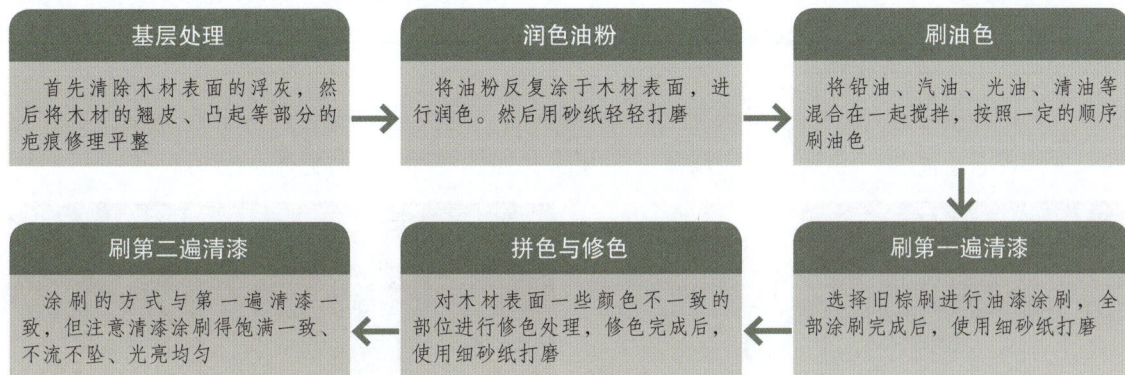

木器漆涂刷法施工流程概要如图6-45所示。

基层处理	润色油粉	刷油色
首先清除木材表面的浮灰，然后将木材的翘皮、凸起等部分的疤痕修理平整	将油粉反复涂于木材表面，进行润色。然后用砂纸轻轻打磨	将铅油、汽油、光油、清油等混合在一起搅拌，按照一定的顺序刷油色

刷第二遍清漆	拼色与修色	刷第一遍清漆
涂刷的方式与第一遍清漆一致，但注意清漆涂刷得饱满一致、不流不坠、光亮均匀	对木材表面一些颜色不一致的部位进行修色处理，修色完成后，使用细砂纸打磨	选择旧棕刷进行油漆涂刷，全部涂刷完成后，使用细砂纸打磨

图6-45　木器漆涂刷法施工流程概要

木器漆涂刷法施工步骤详解如下。

步骤一：基层处理

（1）清理灰尘。先将木材表面上的灰尘、胶迹等用刮刀刮除干净，但应注意不要刮出毛刺且不得刮破。然后用1号以上的砂纸顺木纹精心打磨，先磨线角、后磨平面，直到光滑为止。

（2）修补疤痕。如图6-46所示，当基层有小块翘皮时，可用小刀处理；如有较大的疤痕则应由木工修补；节疤、松脂等部位应用虫胶漆封闭，钉眼处用油性腻子嵌补。

步骤二：润色油粉

用棉丝蘸油粉反复涂于木材表面，擦进木材的棕眼内，然后用棉丝擦净，应注意墙面及五金上不得沾染油粉。待油粉干后，用1号砂纸顺木纹轻轻打磨，先磨线角，后磨平面，直到光滑为止。

步骤三：刷油色

如图6-47所示，先将铅油、汽油、光油、清油等混合在一起过筛，然后倒在小油桶内，使用时要经常搅拌，以免沉淀造成颜色不一致。刷油的顺序应从外向内、从左到右、从上到下且顺着木纹进行。

图6-46　修补木材表面的翘皮

图6-47　刷油色

步骤四：刷第一遍清漆

（1）使用旧棕刷刷漆。如图6-48所示，其刷法与油色相同，但刷第一遍清漆时，应略加一些稀料撤光以便快干。因清漆的黏性较大，最好使用已经用出刷口的旧棕刷，刷时要少蘸油，以保证不流、不坠、涂刷均匀。

（2）砂纸打磨。待清漆完全干透后，用4号砂纸彻底打磨一遍，将头遍漆面上的光亮基本打磨掉，再用潮湿的布将粉尘擦掉。

步骤五：拼色与修色

（1）调和漆修色。如图6-49所示，木材表面上的黑斑、节疤、腻子疤等颜色不一致处，应用漆片、乙醇加色调配或用清漆、调和漆及稀释剂调配进行修色。

图6-48　刷清漆

图6-49　拼色与修色

（2）细砂纸打磨。木材颜色深的应修浅，浅的需加深，将深色和浅色木面拼成一色，并绘出木纹。然后用细砂纸轻轻往返打磨一遍，最后用潮湿的布将粉尘擦掉。

步骤六：刷第二遍清漆

清漆中不加稀释剂，操作同第一遍，但刷油动作要敏捷、多刷多理，使清漆涂刷得饱满一致、不流不坠、光亮均匀。如图6-50所示，刷此遍清漆时，周围环境要整洁。

涂刷第二遍清漆之前一定要再清洁一次木器表面，清除掉灰尘与颗粒，让漆膜表面可以有更好的涂刷效果。刷漆时，不可涂刷过厚，待漆膜彻底干燥时，再进行下一步的施工。

6.3.2 饰面工法

饰面工法是指墙面装饰材料的施工工法，包括壁纸粘贴和硅藻泥施工两种（图6-51）。

壁纸粘贴和硅藻泥施工有着完全不同的施工工艺。壁纸粘贴是以壁纸为原材料，将其大面积地粘贴在墙面中；而硅藻泥施工是以硅藻泥浆为原材料，将其涂刷在墙面中，并设计出各种印花装饰。从环保方面看，硅藻泥相对更加环保，施工也简洁一些；从装

图6-50 刷漆完成效果

饰效果方面看，壁纸的装饰效果更多样，可选择性更丰富，适合多种不同的装修风格。在壁纸粘贴之前，墙面应保持干燥、不潮不发霉。如果墙面上有裂缝、坑洞，则应先用腻子修补填平，干透后用砂纸打磨平整。处理完后的墙面应做到平整光滑、阴阳角线畅通、无裂痕崩角、无灰尘污物。在硅藻泥施工之前，应把墙面不平的地方磨平，否则会出现空鼓和脱落的现象，但切记一定不能用砂纸。由于硅藻泥的吸附性很强，如用砂纸打磨会有浮尘被吸附到硅藻泥中。若提前用砂纸对墙面进行打磨，则需要用干毛巾擦干净，把墙面的浮尘处理掉再进行施工。硅藻泥不宜在下雨天进行施工，由于其属于纯天然材料，又属于"泥"性，遇上大量潮湿的环境会不易上墙，造成日后脱落的现象。

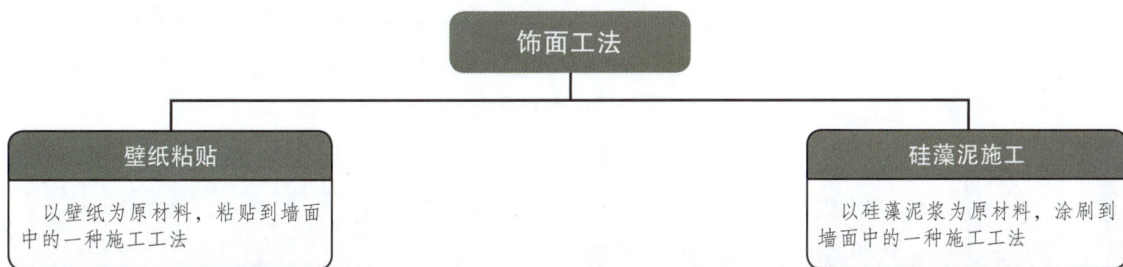

图6-51 饰面工法的内容

各种壁纸如图6-52～图6-56所示。

图6-52 纸基壁纸

165

图6-53　纺织物壁纸

图6-54　天然材料壁纸

图6-55　塑料壁纸

图6-56　仿真塑料壁纸

6.3.2.1　壁纸粘贴

壁纸粘贴是将壁纸粘贴在墙面上的工法。在壁纸粘贴施工中，涉及调制基膜、壁纸胶以及粘贴施工两部分。如图6-57所示，在壁纸具体施工时，从边角开始从上到下纵向粘贴，并保证每层壁纸都重叠到一起，然后用刀具裁剪掉多余的部分。值得注意的是，壁纸的纹理要连接顺畅，确保花纹的连续性。

图6-57　壁纸粘贴施工

壁纸粘贴施工流程概要如图6-58所示。

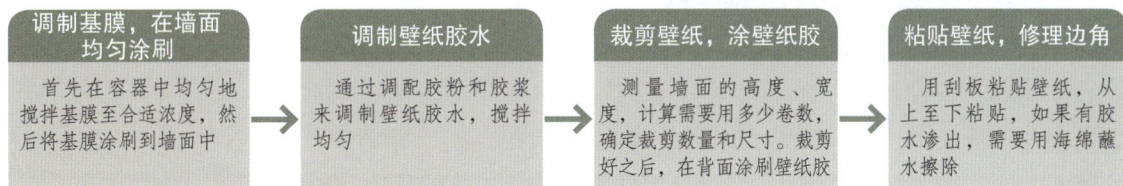

调制基膜，在墙面均匀涂刷	调制壁纸胶水	裁剪壁纸，涂壁纸胶	粘贴壁纸，修理边角
首先在容器中均匀地搅拌基膜至合适浓度，然后将基膜涂刷到墙面中	通过调配胶粉和胶浆来调制壁纸胶水，搅拌均匀	测量墙面的高度、宽度，计算需要用多少卷数，确定裁剪数量和尺寸。裁剪好之后，在背面涂刷壁纸胶	用刮板粘贴壁纸，从上至下粘贴，如果有胶水渗出，需要用海绵蘸水擦除

图6-58　壁纸粘贴施工流程概要

壁纸粘贴施工步骤详解如下。

步骤一：调制基膜，在墙面均匀涂刷

（1）准备容器搅拌。如图6-59所示，刷基膜一般首先需要准备好盛基膜的容器，加入适当的清水，搅拌均匀，调到合适浓度，以备涂刷。

（2）将基膜涂刷到墙面中。如图6-60所示，利用滚筒和笔刷将基膜刷到墙面基层上面。可以先用滚筒大面积地刷，边角地方则用笔刷刷，以确保每个角落都刷上了基膜。壁纸基膜最好提前一天刷，不过如果气温较高，基膜在短时间内能干，也可以安排在同一天。

图6-59　调制搅拌基膜

图6-60　将基膜涂刷到墙面中

步骤二：调制壁纸胶水

壁纸胶水一般是通过调配胶粉和胶浆制成的。如图6-61所示，调制的方法是取胶粉倒入盛水的容器中，调成米粉糊状，放置大约半个小时。如果调稀了，可再加一点胶粉。最后用一根筷子竖插到容器里试试，不马上倒就说明胶水浓度达到使用要求了。然后加入胶浆，拌匀，以增加胶水黏性。

步骤三：裁剪壁纸，涂壁纸胶

（1）裁剪壁纸。如图6-62所示，根据测量的墙面高度，用壁纸刀裁剪壁纸。裁剪好的

图6-61　调制壁纸胶水步骤

图6-62　裁剪壁纸的步骤

壁纸，需要按次序摆放，不能乱放，否则壁纸将很容易出现色差问题。一般情况下，可以裁3卷壁纸先试贴。

（2）涂刷壁纸胶水。将壁纸胶水用滚筒或毛刷刷涂到裁好的壁纸背面。涂好胶水的壁纸需面对面对折，将对折好的壁纸放置5～10min，使胶液完全透入纸底。

步骤四：粘贴壁纸，修理边角

（1）确定粘贴顺序。如图6-63所示，粘贴的时候可先弹线，保证横平竖直，粘贴顺序是先垂直后水平，先上后下，先高后低。粘贴时，用刮板（或马鬃刷）由上向下、由内向外地轻轻刮平壁纸，挤出气泡与多余胶液，使壁纸平坦紧贴墙面。

（2）裁掉重叠的壁纸。壁纸粘贴好之后，需要将上下、左右两端以及壁纸贴合重叠处裁掉。最好选用刀片较薄、刀口锋利的壁纸刀。

图6-63　粘贴壁纸的步骤

（3）裁剪电视墙壁纸。对电视背景墙上的开关插座位置的壁纸进行裁剪，一般是从中心点割出两条对角线，就会出现4个小三角形，再用刮板压住开关插座四周，用壁纸刀将多余的壁纸切除。

6.3.2.2　硅藻泥施工

硅藻泥不仅具备呼吸调湿、分解甲醛及有毒物质、释放负离子、抑菌防霉、防藻防结露、远红外六大功能，而且具有天然环保特质。硅藻泥是一种流体的材料，需要先加水搅拌，然后涂刷到墙面中施工，如图6-64所示。硅藻泥施工分两部分，一是涂刷两遍基底涂料，二是制作肌理图案。

硅藻泥施工流程概要如图6-65所示。

图6-64　硅藻泥涂刷施工

搅拌涂料	涂刷两遍涂料	肌理图案制作	收光
先浸泡硅藻泥干粉，然后均匀搅拌，调节黏稠度	前后共涂刷两遍硅藻泥涂料，厚度约3mm	即硅藻泥表面的装饰图案，选择合适的样式后，将其涂刷到墙面中	用收光抹子沿图案纹路压实收光

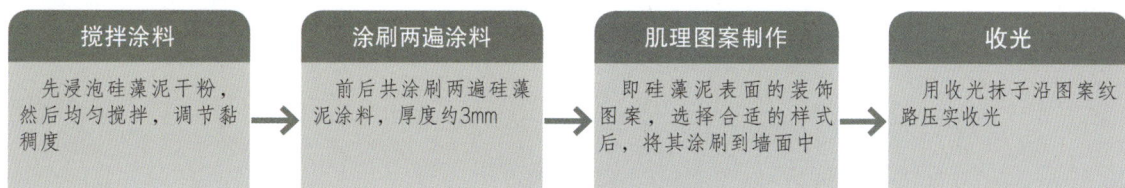

图6-65　硅藻泥施工流程概要

硅藻泥施工步骤详解如下。

步骤一：搅拌涂料

先在搅拌容器中加入施工用水量90%的清水，然后倒入硅藻泥干粉浸泡几分钟，再用电动搅拌机搅拌约10min，搅拌同时添加10%的清水调节施工黏稠度。硅藻泥需充分搅拌均匀后方可使用。

步骤二：涂刷两遍涂料

（1）第一遍涂刷。如图6-66所示，第一遍涂刷约1mm厚度，完成后约50min，根据现场气候情况而定，以表面不粘手为宜，有露底的情况用料补平。

（2）第二遍涂刷。涂刷第二遍，厚度约1.5mm。总厚度为1.5～3.0mm。

步骤三：肌理图案制作

如图6-67所示，常见的肌理图案有拟丝、布艺、思绪、水波、如意、格艺、斜格艺麻面、扇艺、羽艺、弹涂、分割弹涂等，可任选其一涂刷在墙面中。

步骤四：收光

如图6-68所示，制作完肌理图案后，用收光抹子沿图案纹路压实收光。

图6-66　涂刷两遍硅藻泥

图6-67　红色花纹硅藻泥图案

图6-68　硅藻泥施工完成

参考文献

[1] 于四维. 室内装饰材料与构造设计. 北京：化学工业出版社，2022.

[2] 理想·宅. 从设计到施工——装修现场工法全能百科王. 北京：兵器工业出版社，2019.

[3] 李军，陈雪杰，业之峰装饰. 室内装饰装修施工完全图解教程. 北京：人民邮电出版社，2012.

[4] 李军，陈雪杰，孚祥建材，业之峰装饰. 室内装饰装修材料应用与选购. 北京：人民邮电出版社，2012.

[5] 张琪等. 装饰材料与工艺. 上海：上海人民美术出版社，2018.

[6] 刘超英，刘超. 建筑装饰装修材料·构造·施工. 北京：中国建筑工业出版社，2009.

[7] 葛春雷，周子良，汤留泉. 室内装饰材料与施工工艺. 北京：中国电力出版社， 2020.